天下·文化
Believe in Reading

利用圖像思考，
提升理解效率！

考試拿高分

數學
公式圖鑑

阿基頓敦——著　詹珮玟——譯

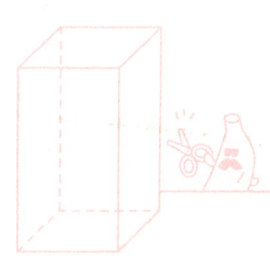
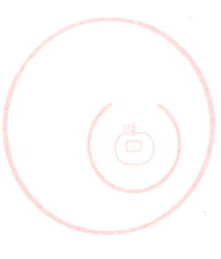
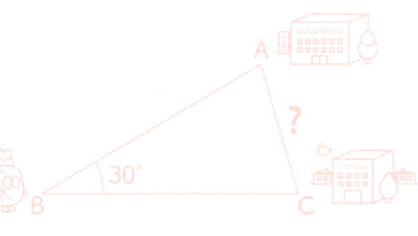

CONTENTS

本書特色 ……………………………… 10
本書使用方法 ………………………… 11

CHAPTER 1 基本圖形

- 01 長方形面積 …………………………… 14
- 02 平行四邊形面積 ……………………… 15
- 03 梯形面積 ……………………………… 16
- 04 三角形面積 …………………………… 17
- 05 菱形面積 ……………………………… 18
- 06 長方體體積 …………………………… 19
- 07 畢氏定理 ……………………………… 20
- 08 正方體和長方體的對角線長度 ……… 22
- 09 多邊形的內角和 ……………………… 23
- 10 多邊形的外角和 ……………………… 24
- 11 圓周率 ………………………………… 25
- 12 圓面積 ………………………………… 26
- 13 扇形面積 1 …………………………… 27
- 14 扇形面積 2 …………………………… 28
- 15 角柱和圓柱的表面積 ………………… 29
- 16 角錐和圓錐的表面積 ………………… 31
- 17 錐體的體積 …………………………… 32
- 18 球體的表面積 ………………………… 33
- 19 球體的體積 …………………………… 34
- 20 正四面體的體積 ……………………… 35

課程連結：
國小至高中

CHAPTER 2 方程式

21	平方根	38
22	乘法公式 1	39
23	乘法公式 2	40
24	乘法公式 3	41
25	乘法公式 4	42
26	乘法公式 5	43
27	二次方程式的公式解	45
28	算幾不等式	47

課程連結：
國中至高中

CHAPTER 3 比例與函數

29	函數	50
30	x 和 y 成正比	51
31	x 和 y 成反比	52
32	一次函數	54
33	二次函數	56
34	反函數	58

課程連結：
國中至高中

35	變化率	59
36	指數函數	61
37	對數	62
38	指數律	63
39	換底公式	66
40	需要記住的指數與對數公式	68

CHAPTER 4 三角比

41	三角比	70
42	三角比的關係 1	71
43	三角比的關係 2	72
44	餘角關係	74
45	補角關係	75
46	正弦定理	76
47	餘弦定理	77
48	弧度量	79
49	正弦與餘弦的疊合公式	80
50	需要記住的公式、定理、數值	82

課程連結：高中

CHAPTER 5 圖形的性質與方程式

51	孟氏定理	86
52	西瓦定理	88
53	圓周角定理	90
54	弦切角定理	91
55	圓冪定理	92
56	三角形的面積	94
57	海龍公式	95
58	內切圓求三角形面積	96
59	正三角形的面積	97
60	四邊形的面積	98
61	坐標上三角形的面積	100
62	點和直線的距離	102
63	圓方程式	103
64	圓的參數式	104
65	圓的直徑式	105
66	球面方程式	106

課程連結：
國中至高中

CHAPTER 6 微分與積分

67	平均變化率	108
68	極限	110
69	導數	112
70	導函數	114
71	函數積的微分	116
72	函數商的微分	118
73	切線方程式	120
74	積分	122
75	不定積分	124
76	定積分	126
77	定積分的規定與性質	128
78	兩條曲線包圍的面積	131
79	$\frac{1}{6}$ 公式	132
80	需要記住的面積公式	134

課程連結：
高中

CHAPTER 7 排列組合與機率

81	集合與元素	136
82	聯集與交集	138
83	排列	140
84	階乘	141
85	環狀排列	142
86	重複排列	144
87	組合數	146
88	二項式定理	148
89	機率	150
90	機率的和事件	152
91	獨立事件的機率	154
92	重複試驗的機率	155
93	條件機率	157

課程連結：高中

CHAPTER 8 數列

課程連結：
國中至高中

94	等差數列的一般項	160
95	等比數列的一般項	162
96	等差數列的和	164
97	等比數列的和	166
98	階差數列的一般項	168
99	數列的和與一般項	170
100	和的公式	172

CHAPTER 9 向量

課程連結：
高中

101	向量的分量與大小	174
102	$\vec{AB}$ 的分量與大小	175
103	以分量計算向量	176
104	內積	177
105	內積與分量	179

106	利用向量求三角形面積	180
107	直線的參數式	182
108	向量的線性組合	184
109	直線的點法式	185

附注1	玩手機遊戲時，抽中稀有物品的機率	186
附注2	做數學計算時，為什麼不能除以0？	188
附注3	骨牌的有趣特性	189
附注4	內角和為270°的三角形？	190

本書特色

冒昧請問,您想過「除法」是什麼嗎?除法在計算什麼呢?
儘管我們一直使用除法,但讓我們再深入了解吧!
事實上,與其說除法是簡單的分割,不如以**「建立基準(設定基準數字)」**來說明,會更容易理解。
例如 10÷5。雖然可以輕鬆算出答案,但用基準的概念會更容易理解:

$$10 \div 5 = 2$$

對象　以5為基準　有2個5

或以下圖表示:

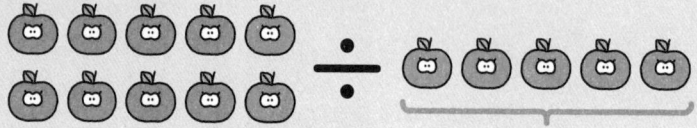

將 5 個蘋果當作 1 組

也就是說,在 10 之中有幾個 5 呢?(把 5 個當作 1 組的話,10 個總共有幾組?)聽起來就像是除法運算。如果採用這種「基準」的概念,**任何人都可以在無意識的狀態下算出答案。**另一個容易理解的例子是時間的計算。比如「420 秒是幾分鐘呢?」這個問題,相信每個人都能列出下列算式並回答。

$$420 \div 60 = 7$$

以 60 秒等於 1 分鐘為基準,計算後得到 7 分鐘的結果。
本書圖文並茂,以淺顯易懂的方式,深入淺出的解釋數學公式和定理,範圍涵蓋基礎與應用。

本書使用方法

您好,我是阿基頓敦。平時在 YouTube 發布有趣的課程影片,對象是國中生和高中生,但大學生或社會人士也可以用來複習。不必把數學想得太複雜,讓我們一起輕鬆閱讀。以下介紹本書的架構。

從圖形問題到微分和積分、機率、數列等多樣化的主題。

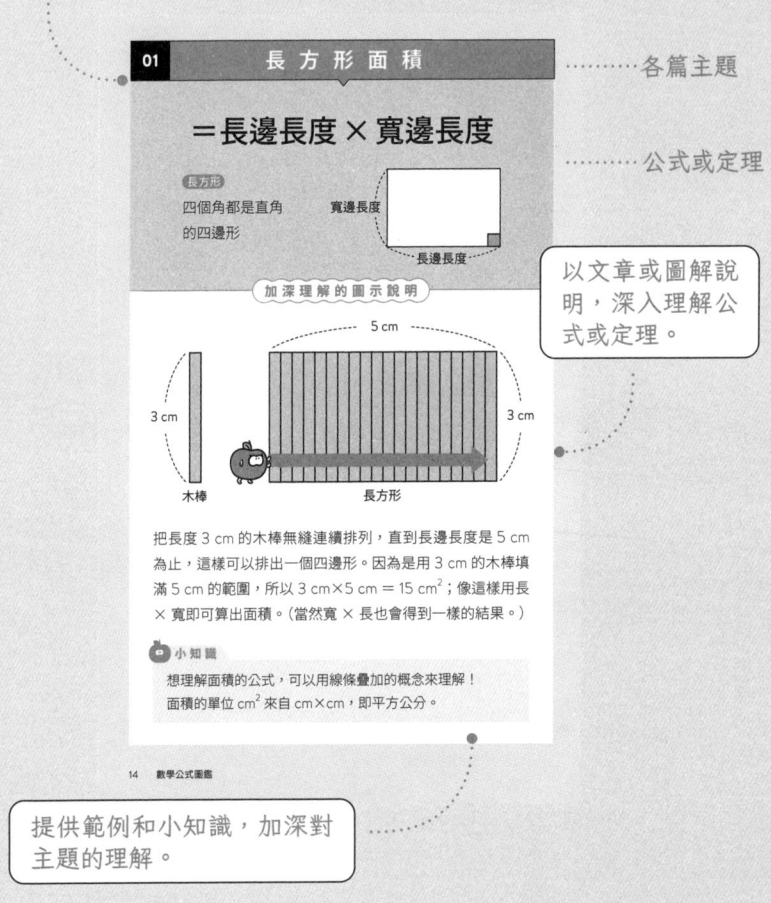

各篇主題

公式或定理

以文章或圖解說明,深入理解公式或定理。

提供範例和小知識,加深對主題的理解。

CHAPTER 1

基本圖形

01 長方形面積

＝長邊長度 × 寬邊長度

長方形
四個角都是直角的四邊形。

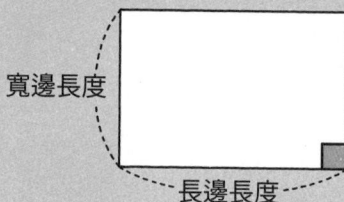

加深理解的圖示說明

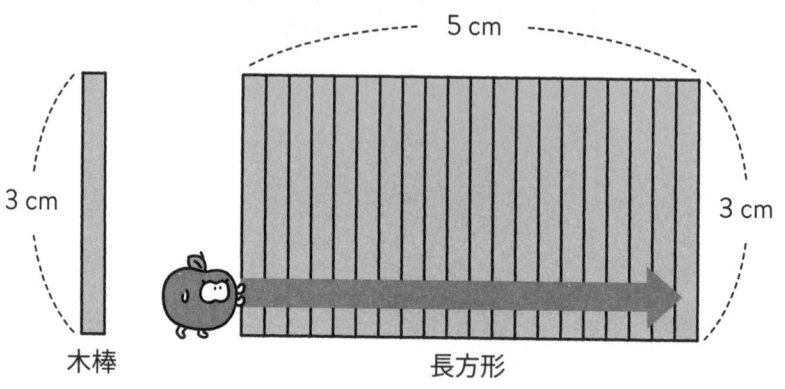

把長度 3 cm 的木棒無縫連續排列，直到長邊長度是 5 cm 為止，這樣可以排出一個四邊形。因為是用 3 cm 的木棒填滿 5 cm 的範圍，所以用長 × 寬即可算出面積是 3 cm×5 cm ＝ 15 cm^2。（當然寬 × 長也會得到一樣的結果。）

🍎 **小知識**

想理解面積的公式，可以用線條疊加的概念來理解！
面積的單位 cm^2 來自 cm×cm，即平方公分。

02　平行四邊形面積

＝底×高

平行四邊形

兩組對邊互相平行的四邊形。

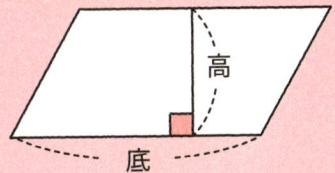

加深理解的圖示說明

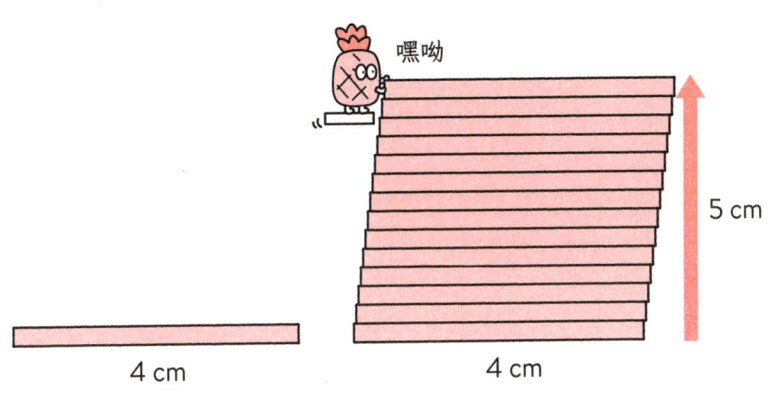

理解時，可以想像成用長度 4 cm 的木棒些微錯開堆疊。
上圖是把 4 cm 長的木棒堆疊到 5 cm 高。
所以面積是 4 cm×5 cm ＝ 20 cm^2。公式中的底 × 高就是這個意思。

試試看！

用尺以些微錯開的方式描繪固定長度的線條，可以畫出平行四邊形，試過一次就能加深理解！

03 梯形面積

$$=（上底＋下底）\times 高 \div 2$$

梯形

有一組對邊平行的四邊形。

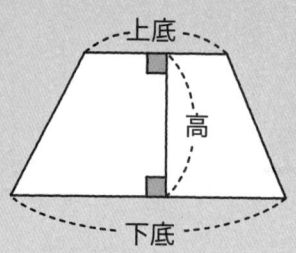

加深理解的圖示說明

將兩個相同的梯形組合成平行四邊形

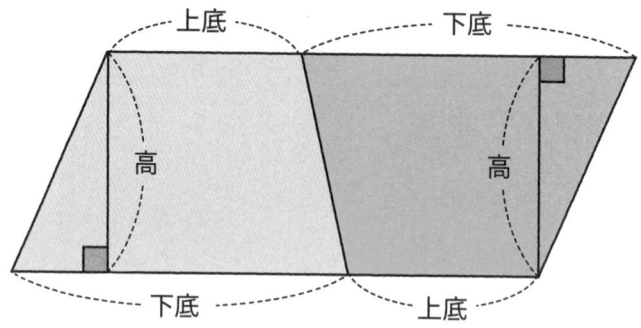

準備兩個相同的梯形，將其中一個翻轉後拼在一起，會變成一個平行四邊形。從圖示中可以清楚看到，平行四邊形的底是梯形的上底加下底，面積為（上底＋下底）×高。

一個梯形所占的面積是這個平行四邊形面積的一半，因此再÷2，得到梯形面積的計算公式：（上底＋下底）×高÷2。

04 三角形面積

＝底×高÷2

三角形
由三條直線圍成的圖形。

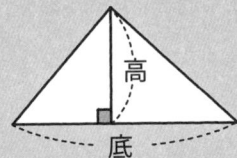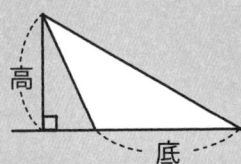

加深理解的圖示說明

將兩個相同的三角形組合成平行四邊形

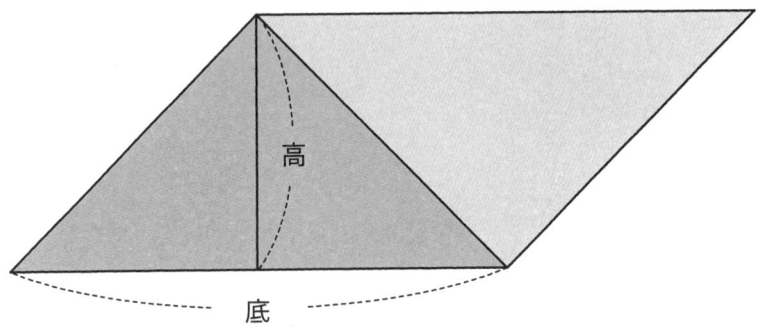

思考三角形面積的方式和梯形面積一樣：準備兩個相同的三角形，組合成平行四邊形。
計算出平行四邊形的面積後，因為平行四邊形是由兩個三角形所組成，所以再÷2，得到一個三角形的面積。

05 菱形面積

＝水平對角線×垂直對角線÷2

菱形

兩雙對邊互相平行，且四邊等長的四邊形。

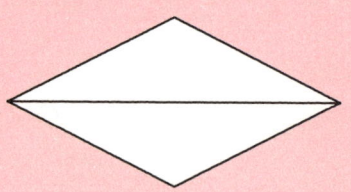

加深理解的圖示說明

① 菱形＝三角形×2

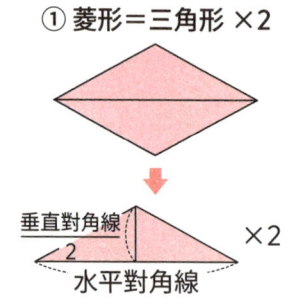

② 菱形可以轉換成長方形

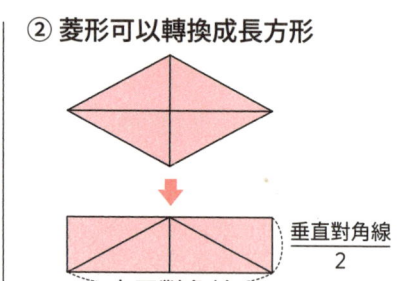

①把菱形當成由兩個三角形所組成

$$(水平對角線 \times \frac{垂直對角線}{2} \div 2) \times 2$$

一個三角形的面積

$$= 水平對角線 \times 垂直對角線 \div 2$$

②把菱形當成由四個三角形所組成，移動後變成長方形，這樣公式會變得更容易理解。

$$水平對角線 \times \frac{垂直對角線}{2}$$

$$= 水平對角線 \times 垂直對角線 \div 2$$

06 長方體體積

＝長×寬×高

長方體

六個面都由長方形（正方形也是長方形的一種）組合而成，而且相鄰的面彼此互相垂直。

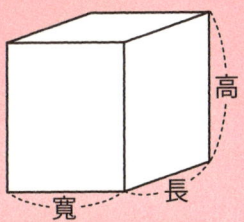

加深理解的圖示說明

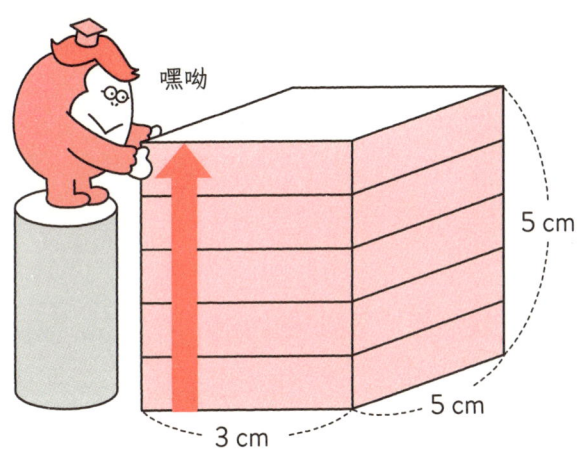

先用長 × 寬算出長方形的面積，然後用高度堆積的概念來理解體積。

這樣可以做出立體形狀，得出長方體體積。

小知識

體積的單位 cm^3 來自 cm×cm×cm，即立方公分。

CHAPTER **1** 基本圖形

07　畢氏定理

$$a^2 + b^2 = c^2$$

直角三角形三邊長之間關係的定理。斜邊長 c，其他兩邊長 a、b，則上述等式成立。

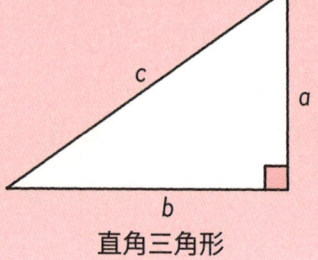

直角三角形

加深理解的圖示說明

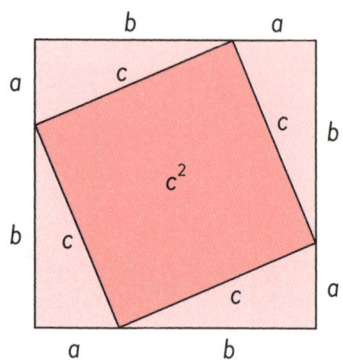

- 邊長是 $a + b$ 的正方形面積
  $= (a + b)^2 = a^2 + b^2 + 2ab$

- 四個直角三角形的面積＋邊長為 c 的正方形面積
  $= (a \times b \times \frac{1}{2}) \times 4 + c^2$
  $= 2ab + c^2$

- **邊長是 $a+b$ 的正方形面積**
  ＝四個直角三角形面積＋邊長為 c 的正方形面積

所以
$a^2 + b^2 + 2ab = 2ab + c^2$
$a^2 + b^2 = c^2$
等式成立。

🍎 **試試看！**

◎有一直角三角形 ABC，斜邊以外的兩邊長分別是 3 和 4，求斜邊長度。

因為是直角三角形，所以可以利用畢氏定理來計算

斜邊$^2 = 3^2 + 4^2$
斜邊$^2 = 9 + 16$
斜邊$^2 = 25$

由於斜邊＞0，所以斜邊的長度是 5。
（平方根在第 2 章〈方程式〉會有詳細說明。）

◎有一直角三角形 ABC，斜邊長度 c 是 13，另一邊 a 長度是 12，求剩餘一邊 b 的長度。

因為是直角三角形，所以可以利用畢氏定理來計算

$13^2 = 12^2 + b^2$
$169 = 144 + b^2$
$b^2 = 25$

由於 $b > 0$，所以這個邊的長度是 5。

08 正方體和長方體的對角線長度

$$\sqrt{3}a \qquad \sqrt{a^2+b^2+c^2}$$

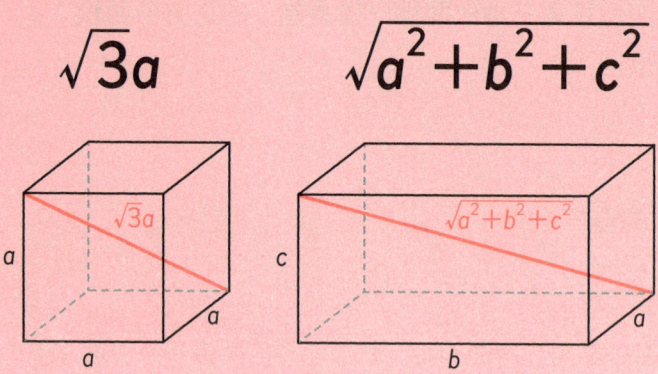

加深理解的圖示說明

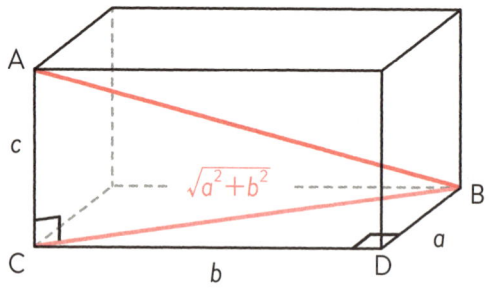

使用畢氏定理可以輕鬆求得答案。只需要使用兩次畢氏定理來計算（先算出三角形 BCD 的斜邊長，再算出三角形 ABC 的斜邊長），方法就是這麼簡單！

22　數學公式圖鑑

09 多邊形的內角和

圖形內側的角稱為內角。
多邊形的內角和可以利用下列公式算出。

$$180° \times (n-2)$$

n 表示多邊形的邊數，$n \geq 3$。

加深理解的圖示說明

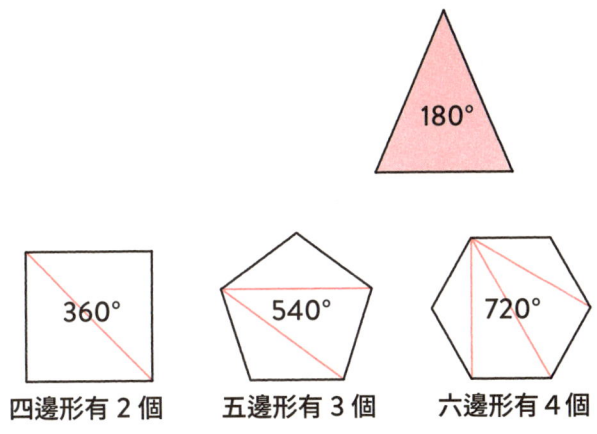

讓我們看一下每個圖形可分割出的三角形個數。如上圖所示，畫線連接多邊形其中一個頂點和對面的頂點，可以看出規律：n 邊形可以分割出的三角形個數等於 $n-2$。
因為任意一個頂點和相鄰的頂點，在圖形中並無法畫線連接，所以可畫出的線條數是頂點數－3。由於可畫出的線條數是頂點數－3，可以分割出的三角形有（頂點數－3）＋1 個。因此 n 邊形可以用 $n-3$ 條線，分割成 $n-2$ 個三角形。

10　多邊形的外角和

360°

內角
多邊形一邊與另一邊所形成的角度。

外角
多邊形一邊與另一邊延長線所形成的角度。

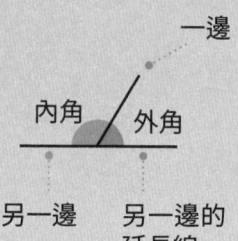

加深理解的圖示說明

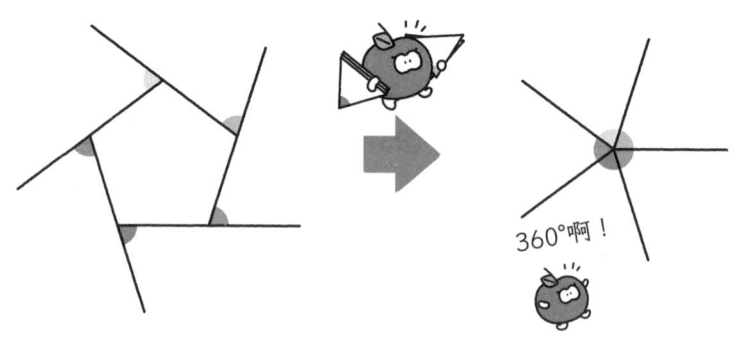

多邊形的外角如上圖所示，合併後會繞一圈。
無論是三角形、四邊形或六邊形都一樣。
繞一圈就是 360°！

11　圓周率

$$圓周率 = \frac{圓周}{直徑}$$

圓周率
圓周長和圓直徑之間的比例。

加深理解的圖示說明

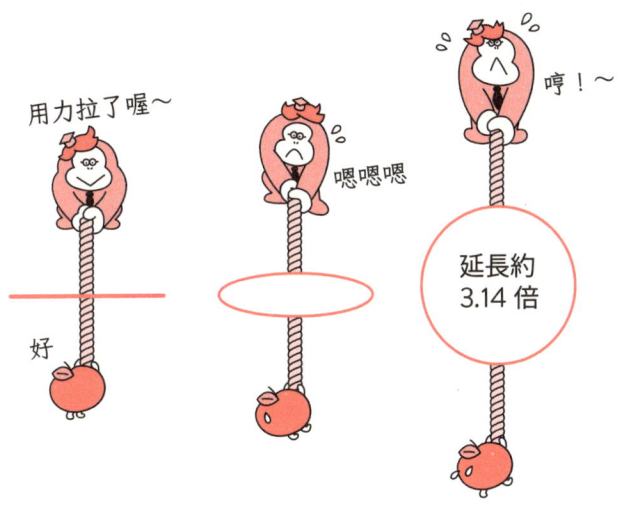

什麼是圓周率？雖然大多數的人會回答 3.1415926535…，或回答 π，但我們還是再重新探討一次公式，以了解圓周率的意義。

讓我們把直徑的長度設為 1，再看圓周的長度。對圓形來說，圓周的長度大約是直徑的 3.14 倍，圓周和直徑的比例關係就是圓周率。

12 圓面積

$$S = \pi r^2$$

S 表示圓的面積，r 表示半徑，π 表示圓周率。

加深理解的圖示說明

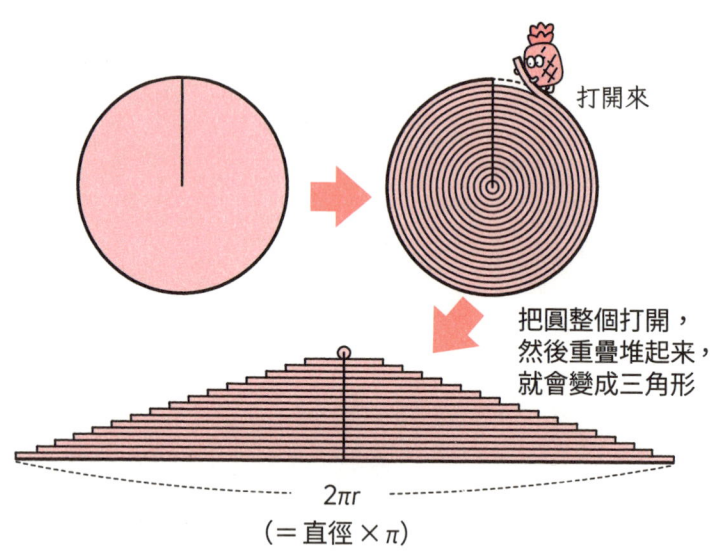

打開來

把圓整個打開，然後重疊堆起來，就會變成三角形

2πr
（＝直徑 × π）

沿著圓周一點一點的打開，做成一個三角形。
依照這個方式，底是圓周的長度 2πr，高是半徑 r，所以求圓形的面積等於計算這個三角形的面積。

$$S = \frac{1}{2} \times 2\pi r \times r$$
$$ = \pi r^2$$

13 扇形面積 1

S 表示扇形的面積，r 表示半徑，ℓ 表示扇形弧長，a 表示圓心角度數。

$$S = \pi r^2 \times \frac{a}{360}$$

$$\ell = 2\pi r \times \frac{a}{360}$$

扇形
由兩條半徑和這兩條半徑之間的弧線所圍成的圖形。

加深理解的圖示說明

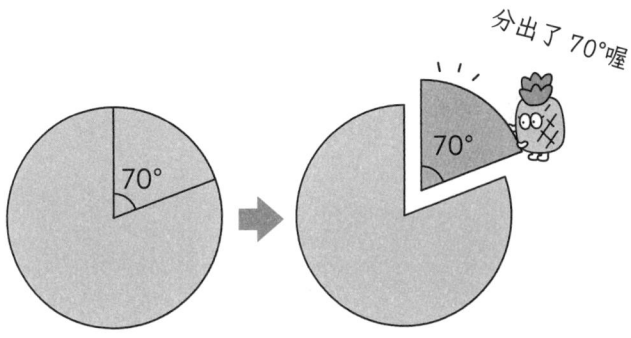

扇形是圓形的一部分，因此扇形的面積能以 $\times \frac{a}{360}$ 表示。由於是拿圓形當作基準，公式就以扇形的圓心角在 360° 的圓中占了多少比例來計算。

14　扇形面積 2

$$S = \frac{1}{2}\ell r$$

S 表示扇形的面積，
r 表示半徑，
ℓ 表示扇形的弧長。

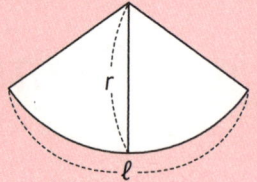

> 加深理解的圖示說明

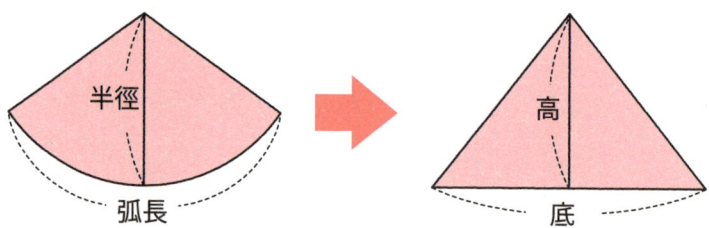

把扇形當成三角形來看的話，可以用底 × 高 × $\frac{1}{2}$ 的方式求出面積。在這個狀況下，底相當於弧長，高相當於半徑，可以用下列算式證明。

$$S = \pi r^2 \times \frac{a}{360}$$

$$\ell = 2\pi r \times \frac{a}{360} \Leftrightarrow \frac{a}{360} = \frac{\ell}{2\pi r}$$

將這個結果代入 S 的公式中。

$$S = \pi r^2 \times \frac{\ell}{2\pi r} = \frac{1}{2}\ell r$$

15 角柱和圓柱的表面積

表面積
＝側面積＋底面積×2

加深理解的圖示說明

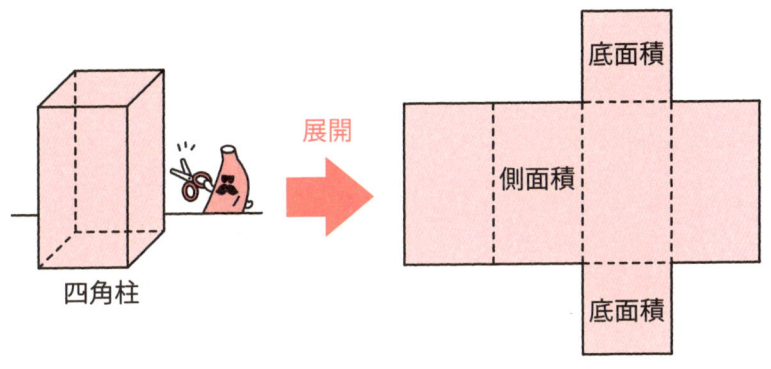

請記得,表面積是指「手摸得到的部分」。

基本上,畫出展開圖來求解會更清楚。
可以理解為「這個圖形是由其他形狀組合而成的」,
再找出計算的規律。

15 角柱和圓柱的表面積

基本上,角柱和圓柱的側面是長方形,所以能用下列算式求得側面積:

$$側面積 = 底面周長 \times 高$$

至於底面,如果是三角形就用三角形的面積公式,如果是圓形就用圓形的面積公式,計算後求得底面積。

試試看!

◎求圖中三角柱的表面積。

底面積:
  $3 \times 4 \div 2 = 6$ (cm²)
側面積:
  底面周長 $= 3 + 4 + 5 = 12$ (cm)
  底面周長 × 高 $= 12 \times 3 = 36$ (cm²)
表面積:
  側面積 + 底面積 ×2
  $= 36 + 6 \times 2 = 36 + 12 = 48$ (cm²)

小知識

圓柱的側面積和表面積可以由下列公式求得。試著自己推導看看。如果圓柱底面的半徑為 r,圓柱的高為 h,則:

側面積:$2\pi rh$
表面積:$2\pi r(r + h)$

16 角錐和圓錐的表面積

表面積＝側面積＋底面積

加深理解的圖示說明

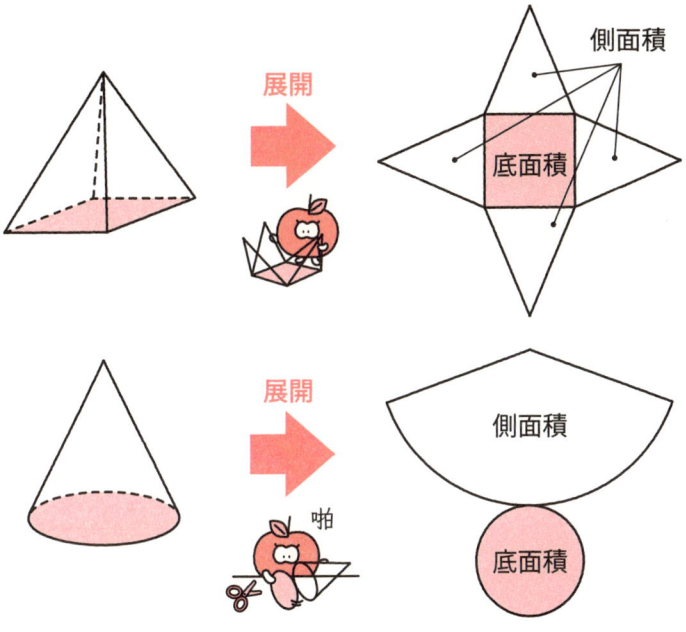

跟單元 15 的說明一樣，表面積是指「手摸得到的部分」。

讓我們用展開圖來看，與柱體不一樣的是，錐體的底面只有一個，面積公式的其他地方都跟柱體相同，請依照每個形狀仔細求解。

17 錐體的體積

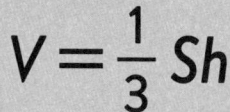

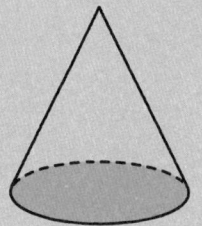
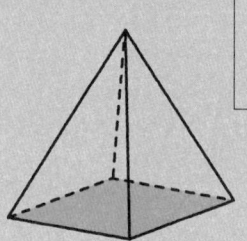

V：體積
S：底面積
h：高

加深理解的圖示說明

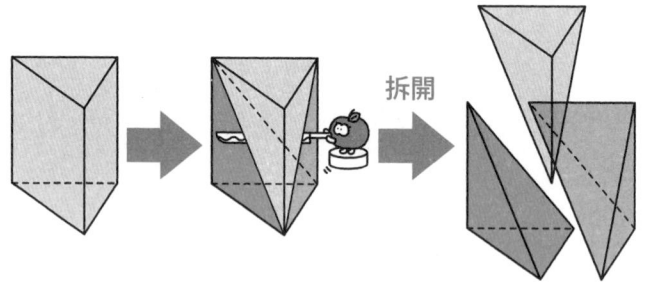

拆開

如圖所示，柱體可以分成三等分的錐體。

與三角形的面積＝四邊形÷2 的情形一樣，請用立體的方式來思考。

圓錐和角錐的狀況是一樣的，錐體的體積也是柱體的 $\frac{1}{3}$。

18 球體的表面積

$$S = 4\pi r^2$$

S 表示球體的面積，r 表示半徑，π 表示圓周率。

加深理解的圖示說明

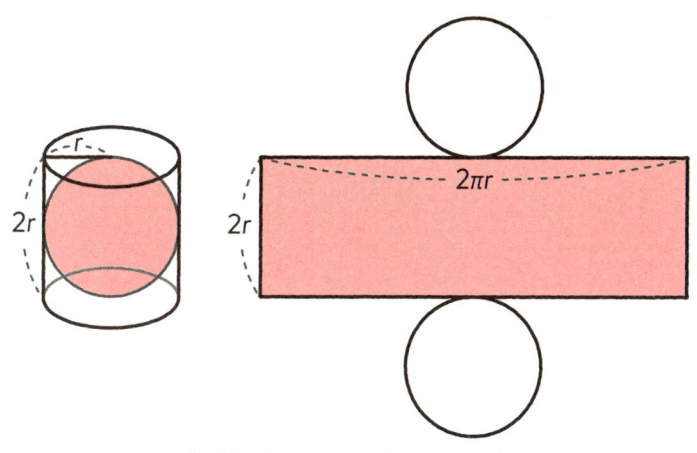

球體的表面積＝圓柱的側面積

事實上，能夠剛好裝下球體的圓柱，側面積恰好等於這個球體的表面積。

把圓柱展開時可看到一個寬 2r、長 2πr 的長方形。圓柱的側面積可以用下列算式求得：

$$2r \times 2\pi r = 4\pi r^2$$

這個側面積就是球體的表面積。

19 球體的體積

$$V = \frac{4\pi r^3}{3}$$

V 表示球體的體積，r 表示半徑，π 表示圓周率。

加深理解的圖示說明

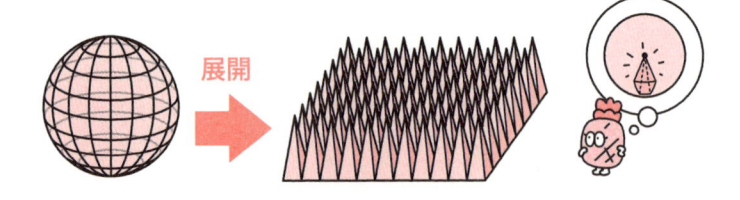

展開

球體＝可以看成眾多四角錐的集合

四角錐的體積＝底面積 × 高 × $\frac{1}{3}$

這一次是從球體中心抽出四角錐，所以高是半徑 r。如果把四角錐看成一個整體，球體的「手摸得到的部分」相當於四角錐的底面積，而底面積的總和就是球體的表面積 $4\pi r^2$。

球體的體積 V 可以用下列式子表示：

$$V = 4\pi r^2 \times r \times \frac{1}{3} = \frac{4\pi r^3}{3}$$

至於計算球體體積時為什麼會出現 $\frac{1}{3}$，只要以錐體的體積來思考，就容易理解了。

20　正四面體的體積

$$V = \frac{\sqrt{2}}{12} a^3$$

V 表示正四面體的體積，a 表示邊長。

加深理解的圖示說明

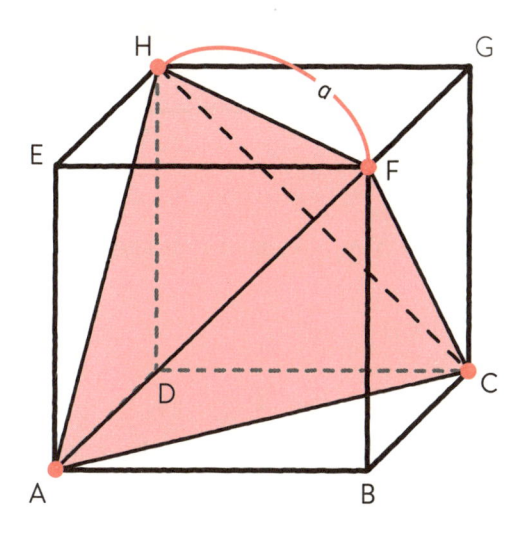

在上圖的立方體內，連接 $\overline{AC}$、$\overline{CF}$、$\overline{FA}$、$\overline{AH}$、$\overline{HC}$、$\overline{HF}$。接著減去未被相連的三角錐，就會形成一個正四面體，為一個由四個正三角形形成的立體圖形。

這些減去的每一個三角錐體積是原本立方體體積的 $\frac{1}{6}$。
（底面積是正方形面積的 $\frac{1}{2}$，錐體體積是柱體體積的 $\frac{1}{3}$。）
當立方體減去三角錐 A-EFH、C-FGH、H-ACD、F-ABC，就會剩下邊長是 a 的正四面體。

20　正四面體的體積

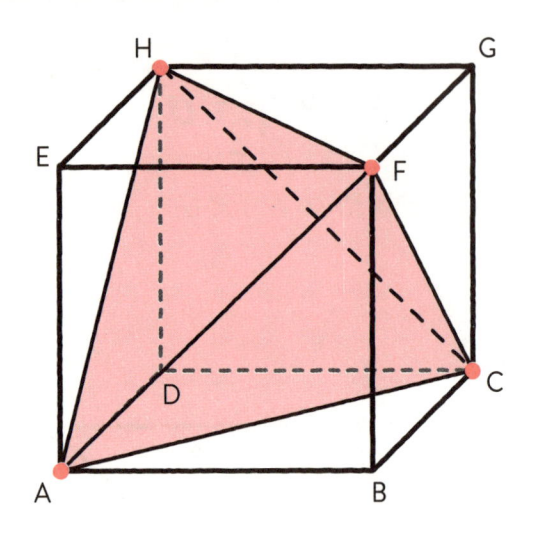

減去三角錐後,剩下的部分是立方體體積的 $\frac{1}{3}$。

(也就是 $1 - \frac{1}{6} \times 4 = \frac{1}{3}$。)

正四面體的邊長為對角線的長度,假設是 a,正方形的邊長則是 $\frac{\sqrt{2}}{2} a$,正四面體的體積可以用下列式子得出:

$$立方體的體積 \times \frac{1}{3} = (\frac{\sqrt{2}}{2} a)^3 \times \frac{1}{3} = \frac{\sqrt{2}}{12} a^3$$

🍎 密技

根據上面的算式,能從單元 17 推導出正四面體的高為 $\sqrt{\frac{2}{3}} a$。其中,正三角形的面積是 $\frac{\sqrt{3}}{4} a^2$ (請參考單元 59),利用下列錐體體積的計算式子求出高:

$$\frac{\sqrt{2}}{12} a^3 = \frac{1}{3} \times \frac{\sqrt{3}}{4} a^2 \times h \Rightarrow h = \sqrt{\frac{2}{3}} a$$

CHAPTER 2

方程式

21　平方根

如果 x 平方後得到 a，則 x 為 a 的平方根。當 $a > 0$ 時，

$$x^2 = a \leftrightarrow x = \pm\sqrt{a}$$

a 有正負兩個平方根，
正平方根是 $\sqrt{a}$，負平方根是 $-\sqrt{a}$。

加深理解的圖示說明

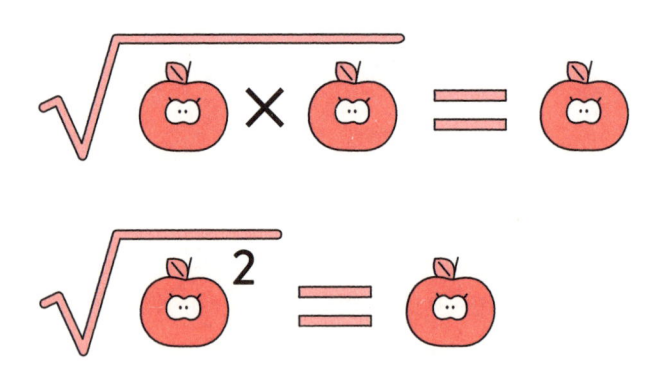

$$\sqrt{\text{🍎} \times \text{🍎}} = \text{🍎}$$

$$\sqrt{\text{🍎}^2} = \text{🍎}$$

讓我們思考一下「平方根」的意思吧。
就像把 cm^2 稱做「平方公分」一樣，平方的意思是二次方，因此說到平方根時，以二次方來思考會更容易理解。
cm^3 是「立方公分」，所以也有立方根。
立方的意思是三次方，立方根可以看成是開三次方後的根，書寫時用 $\sqrt[3]{\ }$ 來表示，例如 $\sqrt[3]{8} = 2$。

22 乘法公式 1

$$(x+a)^2 = x^2 + 2ax + a^2$$

加深理解的圖示說明

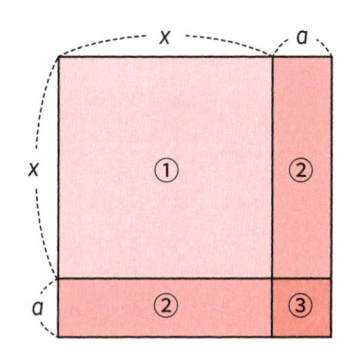

上圖是邊長為 $(x+a)$ 的正方形，面積是 $(x+a)^2$。

接著把同樣的正方形，如上圖分割成兩個正方形（①和③），以及兩個長方形（兩個②）。

①是邊長為 x 的正方形，③是邊長為 a 的正方形，②是兩邊為 a 和 x 的長方形。

將這四個圖形的面積加起來，會得到下列算式：

$$x^2 + a^2 + ax + ax = x^2 + 2ax + a^2$$
$$\quad\quad\quad\quad\quad\quad\quad\quad\; ①\quad\;\; ②\quad\;\; ③$$

由於面積等於之前求得的 $(x+a)^2$，下列算式成立。

$$(x+a)^2 = x^2 + 2ax + a^2$$

23　乘法公式 2

$$(x-a)^2 = x^2 - 2ax + a^2$$

加深理解的圖示說明

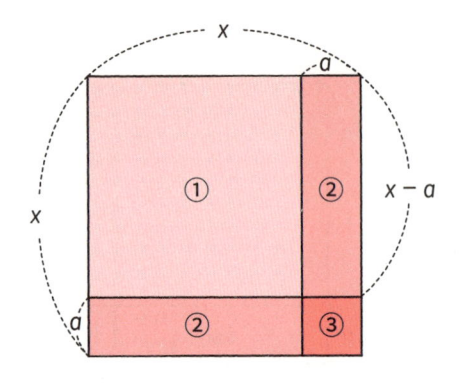

上圖的①是邊長為 $(x-a)$ 的正方形，面積是 $(x-a)^2$。
接下來，想像邊長為 x 的正方形減掉其中一個正方形（③）和兩個長方形（兩個②）。
②是兩邊為 a 和 $(x-a)$ 的長方形，③是邊長為 a 的正方形。
將邊長為 x 的正方形，扣除三個四邊形，會得到下列算式：

$$x^2 - \{a(x-a) + a(x-a) + a^2\} = x^2 - 2a(x-a) - a^2$$

$$= x^2 - 2ax + 2a^2 - a^2 = x^2 - 2ax + a^2$$

由於面積等於之前求得的 $(x-a)^2$，下列算式成立。

$$(x-a)^2 = x^2 - 2ax + a^2$$

24 乘法公式 3

$$(x+a)(x+b)=x^2+(a+b)x+ab$$

加深理解的圖示說明

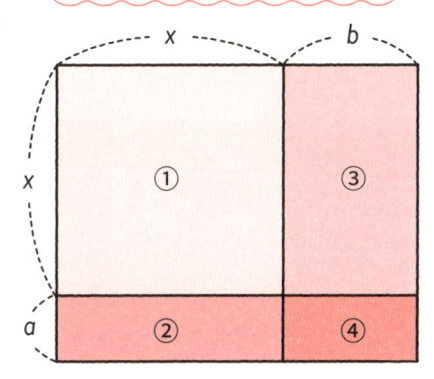

上圖是寬為 $(x+a)$、長為 $(x+b)$ 的長方形，
面積是 $(x+a)(x+b)$。
接下來，將相同的長方形以上圖的方式分割成一個正方形（①），以及三個長方形（②、③、④）。
①是邊長為 x 的正方形，②是寬為 a、長為 x 的長方形，③是長為 x、寬為 b 的長方形，④是寬為 a、長為 b 的長方形。
將這四個圖形的面積加起來，會得到下列算式：

$$x^2+ax+bx+ab=x^2+(a+b)x+ab$$
$$\underbrace{}_{①}\,\underbrace{}_{②}\,\underbrace{}_{③}\,\underbrace{}_{④}$$

由於面積等於之前求得的 $(x+a)(x+b)$，下列算式成立。

$$(x+a)(x+b)=x^2+(a+b)x+ab$$

25　乘法公式 4

$$(x+a)(x-a) = x^2 - a^2$$

加深理解的圖示說明

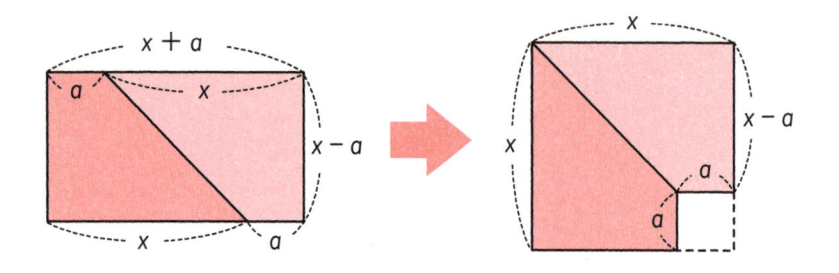

上圖是長為 $(x+a)$，寬為 $(x-a)$ 的長方形，
面積是 $(x+a)(x-a)$。
接下來，將相同的長方形以上圖的方式剪下，合併成邊長為 x 的正方形，這時剛好會產生一個邊長為 a 的正方形缺口，因此面積如下所示：

$$x^2 - a^2$$

由於面積等於之前求得的 $(x+a)(x-a)$，下列算式成立。

$$(x+a)(x-a) = x^2 - a^2$$

26 乘法公式 5

$(x+a)^2 = x^2 + 2ax + a^2$

$(x-a)^2 = x^2 - 2ax + a^2$

$(x+a)^3 = x^3 + 3ax^2 + 3a^2x + a^3$

$(x-a)^3 = x^3 - 3ax^2 + 3a^2x - a^3$

$(x+a)^4 = x^4 + 4ax^3 + 6a^2x^2 + 4a^3x + a^4$

$(x-a)^4 = x^4 - 4ax^3 + 6a^2x^2 - 4a^3x + a^4$

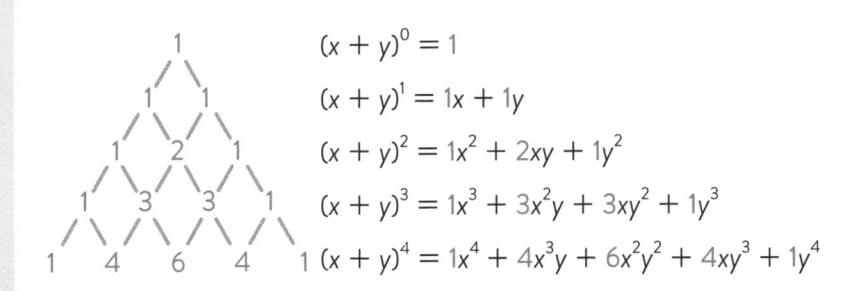

加深理解的圖示說明

```
            1
           1 1
          1 2 1
         1 3 3 1
        1 4 6 4 1
```

$(x + y)^0 = 1$

$(x + y)^1 = 1x + 1y$

$(x + y)^2 = 1x^2 + 2xy + 1y^2$

$(x + y)^3 = 1x^3 + 3x^2y + 3xy^2 + 1y^3$

$(x + y)^4 = 1x^4 + 4x^3y + 6x^2y^2 + 4xy^3 + 1y^4$

巴斯卡三角形

最上面一行是1,下面各行的兩端放1,其餘數值是斜上方兩個值的和。

乘法公式 5

前頁的圖形稱為巴斯卡三角形，它的結構很簡單，橫列每個數值等於斜上方兩個值的和。例如：

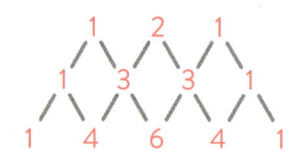

```
        1   2   1
      1   3   3   1
    1   4   6   4   1
```

可以按照這個方式一直往下做。
這裡首行的 1、2、1 是二次方計算的各項係數。接下來各行的數字則分別是三次方的係數、四次方的係數。

試試看！

◎求 $(x + a)^5$。

　利用巴斯卡三角形來思考，可以得到
　1　5　10　10　5　1
　因此可以求得下列的展開式：

$(x + a)^5 = x^5 + 5ax^4 + 10a^2x^3 + 10a^3x^2 + 5a^4x + a^5$

27　二次方程式的公式解

二次方程式 $ax^2 + bx + c = 0$ 的解可以用下列公式表示。

$$x = \frac{-b \pm \sqrt{b^2 - 4ac}}{2a}$$

其中 $a \neq 0$，a、b、c 為常數。

加深理解的圖示說明

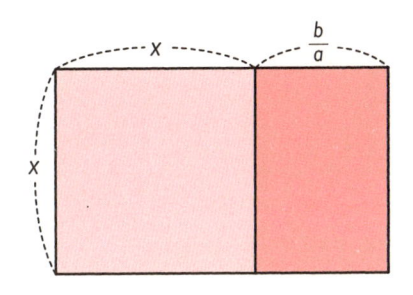

讓我們比照乘法公式，用四邊形來思考。

首先，二次方程式可以改寫如下：

$$ax^2 + bx = -c$$

$$x^2 + \frac{b}{a}x = -\frac{c}{a}$$

$$x(x + \frac{b}{a}) = -\frac{c}{a}$$

等號的左邊即為上圖長方形的面積。

接著要把整個形狀變成正方形。為了組成正方形，將右邊的長方形分成左右兩半，再把外側那一半接到正方形的下面，並補上缺少的部分。

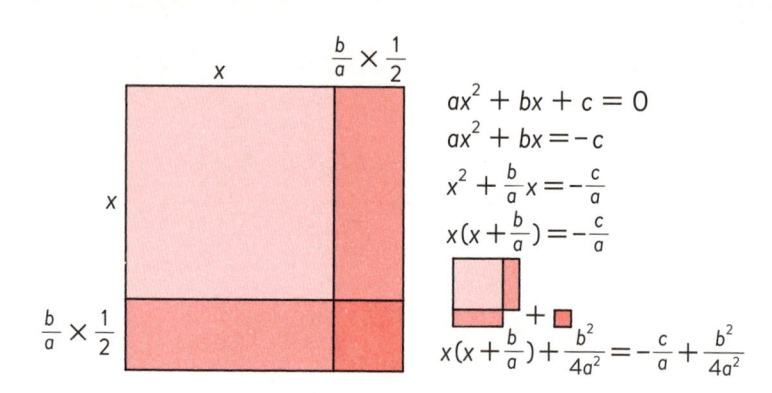

27　二次方程式的公式解

$$ax^2 + bx + c = 0$$
$$ax^2 + bx = -c$$
$$x^2 + \frac{b}{a}x = -\frac{c}{a}$$
$$x(x+\frac{b}{a}) = -\frac{c}{a}$$

$$x(x+\frac{b}{a}) + \frac{b^2}{4a^2} = -\frac{c}{a} + \frac{b^2}{4a^2}$$

在前頁算式的等號兩邊加上正方形的面積 $(\frac{b}{2a})^2 = \frac{b^2}{4a^2}$，可得出：

$$x(x+\frac{b}{a}) + \frac{b^2}{4a^2} = -\frac{c}{a} + \frac{b^2}{4a^2}$$

此時，等號左邊是上圖中邊長為 $(x+\frac{b}{2a})$ 的正方形面積，算式改寫後如下：

$$(x+\frac{b}{2a})^2 = -\frac{c}{a} + \frac{b^2}{4a^2}$$

因此，可以用平方根求得 x。

$$x + \frac{b}{2a} = \pm\sqrt{-\frac{c}{a} + \frac{b^2}{4a^2}}$$
$$= \pm\sqrt{\frac{-4ac+b^2}{4a^2}}$$
$$= \pm\frac{\sqrt{b^2-4ac}}{2a}$$
$$x = -\frac{b}{2a} \pm \frac{\sqrt{b^2-4ac}}{2a}$$
$$= \frac{-b\pm\sqrt{b^2-4ac}}{2a}$$

28 算幾不等式

$$\frac{a+b}{2} \geqq \sqrt{ab}$$

其中 $a > 0$，$b > 0$；當 $a = b$ 時，等號成立。

算術平均數 相加之後的平均值。
幾何平均數 相乘之後的平均值。

加深理解的圖示說明

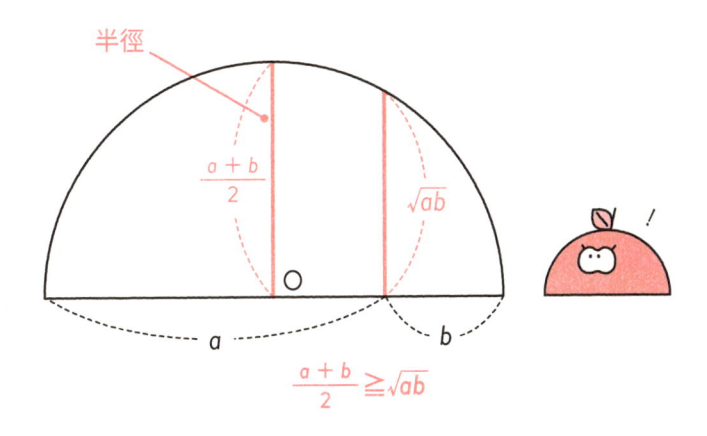

$$\frac{a+b}{2} \geqq \sqrt{ab}$$

藉由這張圖，能以視覺了解算幾不等式。

$\frac{a+b}{2}$ 是半徑，也就是直徑 $a+b$ 的一半。

至於長度為 $\sqrt{ab}$ 的這條線段，推導方法如下頁：

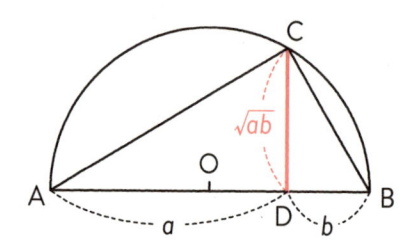

分別在直角三角形 ABC、ADC、BDC 中使用畢氏定理。

在△ABC 中
$$\overline{AB}^2 = \overline{AC}^2 + \overline{BC}^2$$
$$(a+b)^2 = \overline{AC}^2 + \overline{BC}^2 \cdots\cdots ①$$

在△ADC 中
$$\overline{AC}^2 = \overline{AD}^2 + \overline{CD}^2$$
$$\overline{AC}^2 = a^2 + \overline{CD}^2 \cdots\cdots ②$$

在△BDC 中
$$\overline{BC}^2 = \overline{CD}^2 + \overline{BD}^2$$
$$\overline{BC}^2 = \overline{CD}^2 + b^2 \cdots\cdots ③$$

由②＋③得
$$\overline{AC}^2 + \overline{BC}^2 = a^2 + b^2 + 2\overline{CD}^2 \cdots\cdots ④$$

將④代入①得
$$(a+b)^2 = a^2 + b^2 + 2\overline{CD}^2$$
$$a^2 + 2ab + b^2 = a^2 + b^2 + 2\overline{CD}^2$$
$$2ab = 2\overline{CD}^2$$
$$\overline{CD}^2 = ab$$
$$\overline{CD} = \sqrt{ab}$$

CHAPTER

3

比例與函數

29 函數

$$y = ax \text{、} y = ax + b \text{、} y = \frac{a}{x}$$

函數

有兩個變數 x 和 y，x 的值如果確定，且此時相對應 y 的值確定只有一個，就會稱 y 是 x 的函數。

加深理解的圖示說明

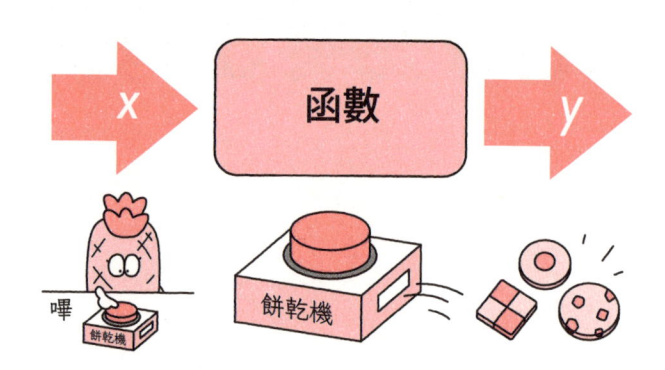

請想像上圖的按鈕，「按 1 次按鈕會出現 3 片餅乾。那麼，按 2 次按鈕會出現幾片餅乾呢？」我猜大家會回答 6 片。這樣的機制就代表了函數，作用是輸入 x 後會產生 y。
如果用上面的例子來說明，按按鈕的次數是 x，y 則是餅乾的數量。一旦確定按下按鈕的次數，就決定了餅乾的數量，這在數學上可以表示成函數。

30　x 和 y 成正比

$$y = ax$$

其中 a 為比例常數。

比例

當一方變為 2 倍、3 倍，另一方也變為 2 倍、3 倍的關係。

加深理解的圖示說明

第一天

第二天

第三天

當 x 變為 2 倍、3 倍，y 也變為 2 倍、3 倍，x 和 y 之間就成正比。

不擅長數學的人可能難以想像這種關係。可以把 y 想成吃掉的飯量，猩猩君 1 天吃 4 碗飯。那麼，3 天總共吃掉幾碗飯呢？答案是 12 碗。因為兩者成正比，所以天數增加為 3 倍時，吃掉的總量也增加為 3 倍。

可寫成 $y = 4x$ 來表示。在這裡，$a = 4$ 是「1 天吃了 4 碗飯」，代表「比例常數」，y 是「吃掉的總量」，x 是「天數」。

31　x 和 y 成反比

$$y = \frac{a}{x}$$

其中 a 為比例常數。

反比例

當一方變為 2 倍、3 倍，另一方則變為 $\frac{1}{2}$ 倍、$\frac{1}{3}$ 倍的關係。

加深理解的圖示說明

1 天 4 碗

2 天 4 碗

當 x 變為 2 倍、3 倍，y 則變為 $\frac{1}{2}$ 倍、$\frac{1}{3}$ 倍，x 和 y 之間就成反比。

本次也用圖示來說明反比的意思。

如果要猩猩君在 1 天內吃 4 碗飯，等於每天吃 4 碗飯。

如果接下來必須在 2 天內吃 4 碗飯，等於每天吃 2 碗。

當一方增加時，另一方跟著減少，這樣的關係就是反比。在上面的例子中，增加的是天數，減少的是每天的食量；增加的天數是 x，每天能吃多少碗飯是 y。比例常數 a 代表最開始的飯量。

因此，上面的例子可以表示為下列算式：

$$y = \frac{4}{x}$$

汽車的燃油效率提高，油資費用就會減少。
反比例的關係在日常生活中隨處可見。

試試看！

◎假如情人節時要做一個面積是 30 cm^2 的長方形巧克力，試求巧克力的寬邊長度和長邊長度之間的比例關係。

在面積不能變的條件下，一旦增加寬邊的長度，長邊的長度就得變小。
反過來說，當長邊的長度增加，寬邊的長度會變小。
兩者間的反比關係如下式：

$$寬邊長度 = \frac{30}{長邊長度}$$

32　一次函數

當 y 可以由 x 表示，且 x 的次數最高為一次時，y 是 x 的一次函數。

$$y = ax + b$$

其中 a 為斜率，$a \neq 0$；b 為與 y 軸的截距。

加深理解的圖示說明

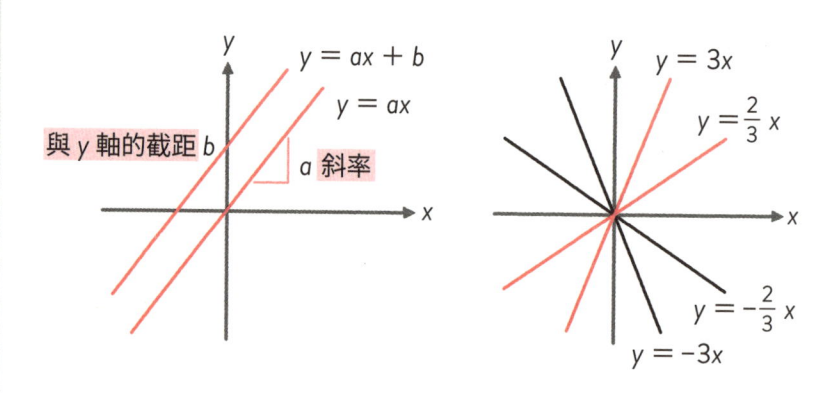

在一次函數 $y = ax + b$ 中，如果 $a \neq 0$，則
$a > 0$ 時，直線會往右上傾斜；
$a < 0$ 時，直線會往右下傾斜。

另外，如果 $a = 0$，則 $y = b$（$a = 0$、$b \neq 0$ 時，稱為零次函數）。
如果 $b = 0$，則函數圖形會通過原點。

關於直線，希望大家掌握「通過兩個點的直線只有一條」的觀念，所以一次函數（直線方程式）只需要 a 和 b 兩個值就能決定。

🍎 試試看！

◎求一次函數 $y = 12x + 4$ 的斜率和截距。

$y = ax + b$ 的 a 是斜率，b 是截距，
所以斜率是 12，截距是 4。

◎$y = 10x + 20$，當 $-1 \leq x \leq 5$ 時，求 y 的最大值和最小值。

由於斜率是 10 為正數，所以函數是往右上傾斜的直線。
因此，當 $x = 5$ 時有最大值，而 $x = -1$ 時有最小值。

最大值 $= 10 \times 5 + 20 = 70$
最小值 $= 10 \times (-1) + 20 = 10$

◎$y = -x + 1$，當 $-1 \leq x \leq 2$ 時，求 y 的最大值和最小值。

由於斜率是 -1 為負數，所以函數是往右下傾斜的直線。
因此，當 $x = -1$ 時有最大值，而 $x = 2$ 時有最小值。

最大值 $= -(-1) + 1 = 2$
最小值 $= -2 + 1 = -1$

33　二次函數

當 y 可以由 x 表示，且 x 的次數最高為二次時，y 是 x 的二次函數。

$$y = ax^2 + bx + c$$

其中 $a \neq 0$。

加深理解的圖示說明

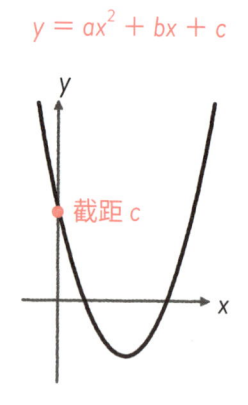

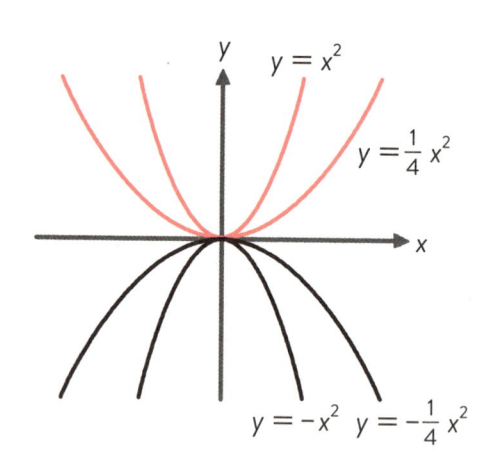

$y = ax^2 + bx + c$

截距 c

$y = x^2$

$y = \dfrac{1}{4} x^2$

$y = -x^2$　$y = -\dfrac{1}{4} x^2$

二次函數裡的 a 代表圖形開口的大小，c 代表和 y 軸的截距，有這個概念就足夠了。

在二次函數中，
$a > 0$ 表示開口向上；
$a < 0$ 則表示開口向下。

同時,二次函數也可以轉換成 $y = a(x-p)^2 + q$,
當 $a > 0$ 且 $x = p$ 時,最小值是 q,沒有最大值;
當 $a < 0$ 且 $x = p$ 時,最大值是 q,沒有最小值。

試試看!

◎求二次函數 $y = x^2 - 2x + 3$ 的最大值和最小值。

二次函數可以改寫成
$y = (x-1)^2 + 2$
$x = 1$ 時最小值是 2,沒有最大值。

小知識

三次函數和四次函數,可以用下面的圖形表示。

三次函數

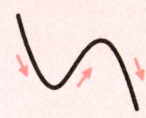

三次項的係數是正值時,函數圖形如左圖;係數是負值時,函數圖形則如右圖。

四次函數

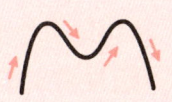

四次項的係數是正值時,函數圖形如左圖;係數是負值時,函數圖形則如右圖。

34　反函數

$$y = f^{-1}(x)$$

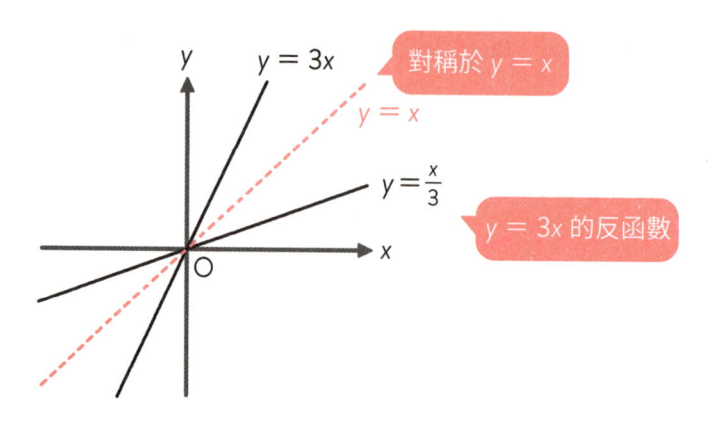

加深理解的圖示說明

對稱於 $y = x$

$y = 3x$

$y = x$

$y = \dfrac{x}{3}$

$y = 3x$ 的反函數

反函數會把函數顛倒，也就是將原函數的 x 和 y 交換。如果原函數有一點為 (2, 6)，它的反函數就會有對應的點 (6, 2)，恰好對稱於 $y = x$。

讓我們用函數「x 代表按下按鈕的次數，y 代表餅乾的數量」這個例子來說明，函數原本的敘述是：按下按鈕的次數，決定了餅乾的數量。

反函數會把敘述顛倒過來：先決定餅乾的數量，再依照決定的數量按下按鈕。舉例來說，如果要有 6 片餅乾，就必須按 2 次按鈕。

這就是反函數的意思。在數學上，使用函數的 −1 次方來表示反函數，即 $y = f^{-1}(x)$。

35　變化率

$$\text{變化率} = \frac{y \text{增加的量}}{x \text{增加的量}}$$

變化率

當 x 值變動時，相對應的 y 值跟隨變動的比例。

加深理解的圖示說明

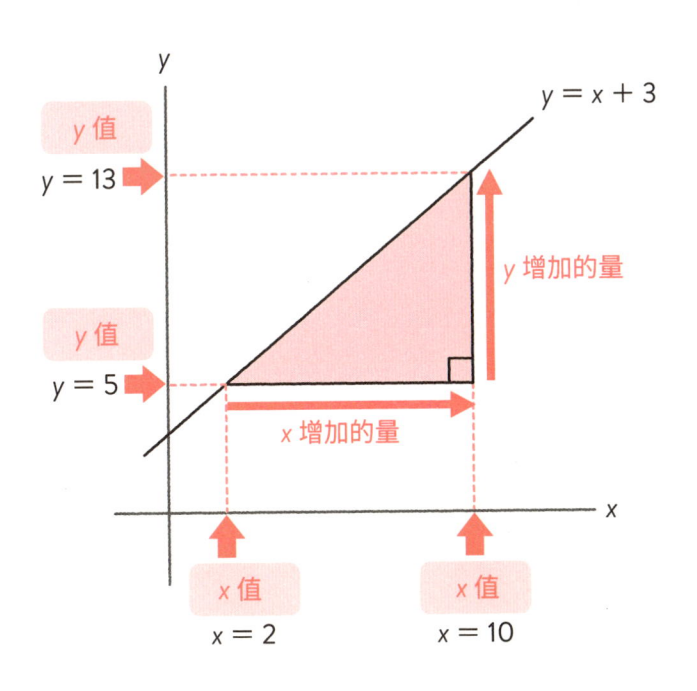

y 值　y = 13
y 值　y = 5
x 值　x = 2
x 值　x = 10
y = x + 3
y 增加的量
x 增加的量

CHAPTER **3** 比例與函數

35 變化率

依據前頁的圖示，從 $x=2$ 到 $x=10$，x 值增加了 8。當 $x=2$ 時 y 是 5，$x=10$ 時 y 是 13，y 值增加了 8，因此，變化率是 $\frac{8}{8}=1$。

> **小知識**
>
> 一次函數 $y=ax+b$ 的變化率（圖形的斜率）是 a。
>
> 以下證明在一次函數 $y=ax+b$ 中，當 x 由 m 增加到 n 時，可以求得變化率是 a。
>
> $$\text{變化率} = \frac{(an+b)-(am+b)}{n-m}$$
>
> $$= \frac{an+b-am-b}{n-m} = \frac{a(n-m)}{(n-m)} = a$$
>
> 反比例算式 $y=\frac{a}{x}$ 的變化率是 $-\frac{a}{mn}$。
>
> $$\text{變化率} = \frac{\frac{a}{n}-\frac{a}{m}}{n-m}$$
>
> $$= \frac{\frac{am-an}{mn}}{n-m} = \frac{am-an}{(n-m)mn}$$
>
> $$= \frac{-a(n-m)}{(n-m)mn}$$
>
> $$= -\frac{a}{mn}$$

36　指數函數

以 $y = a^x$ 表示的 x 函數，稱為指數函數。

$$y = a^x$$

其中 $a \neq 1$，且 $a > 0$。

加深理解的圖示說明

指數函數 $y = a^x$ 的圖形

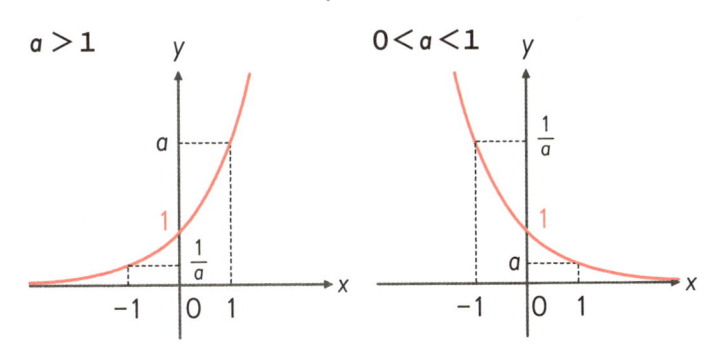

$a > 1$

$0 < a < 1$

$y = a^x$ 稱為指數函數，y 的值是 a 的 x 次方（x 是指數），因為 x 確定時，y 的值只有一個，所以也能說「y 是 x 的函數」。另外，a 稱為指數函數的底數，$a \neq 1$ 且 $a > 0$。

$a > 1$ 時，指數函數 a^x 為單調遞增（當 x 增加，y 總是增加），並有以下的特點：

$$p < q \text{ 時}, a^p < a^q$$

$0 < a < 1$ 時，指數函數 a^x 為單調遞減（當 x 增加，y 總是減少），並有以下的特點：

$$p < q \text{ 時}, a^p > a^q$$

37 對數

$a > 0$，$a \neq 1$，$y > 0$ 時，

$$y = a^x \leftrightarrow x = \log_a y$$

其中 a 稱為底數，y 稱為真數。

加深理解的圖示說明

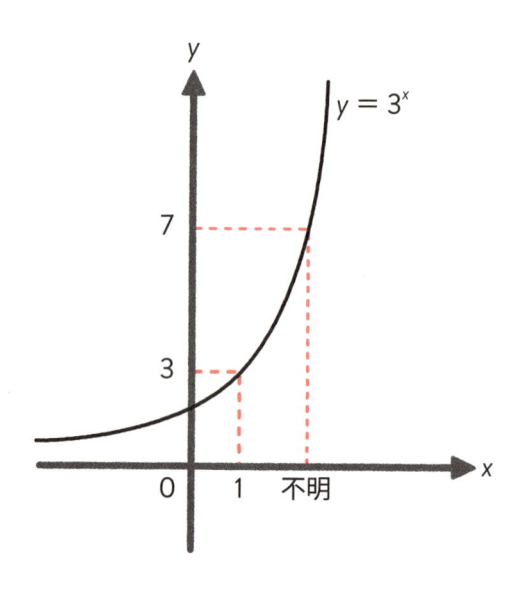

如果要把 3 變成 9，用 3 連乘 2 次（二次方）可以辦到。
但如果要把 3 變成 7，就不知道連乘幾次（n 次方）。
這個時候可以使用對數。
要把 3 變成 7 的數值，可以用 $\log_3 7$ 來表示。
$\log_3 81$ 等於 4，因為 81 是 3 連乘 4 次（四次方）。

38　指 數 律

① $a^m \times a^n = a^{m+n}$

② $a^m \div a^n = a^{m-n}$

③ $(a^m)^n = a^{m \times n}$

④ $(ab)^n = a^n b^n$

⑤ $\left(\dfrac{a}{b}\right)^n = \dfrac{a^n}{b^n}$

加深理解的圖示說明

① $a^m \times a^n = a^{m+n}$

　　$m = 3$，$n = 2$ 時，

　　🍎³ × 🍎²

　　= 🍎 × 🍎 × 🍎 × 🍎 × 🍎

　　= 🍎⁵

CHAPTER **3**　比例與函數　63

指 數 律

❷ $a^m \div a^n = \dfrac{a^m}{a^n} = \dfrac{a \times a \times a \times \cdots \text{(}m\text{ 個)}}{a \times a \times a \times \cdots \text{(}n\text{ 個)}} = a^{m-n}$

$m = 2$，$n = 2$ 時，

🍎² ÷ 🍎²

= (🍎 × 🍎) ╱ (🍎 × 🍎)

= 1

❸ $(a^m)^n = (a \times a \times a \times \cdots \text{(}m\text{ 個)})^n$
   $= (a \times a \times a \times \cdots \text{(}m\text{ 個)}) \times$
   $(a \times a \times a \times \cdots \text{(}m\text{ 個)}) \times$
   $(a \times a \times a \times \cdots \text{(}m\text{ 個)}) \times \cdots \text{(}n\text{ 個)}$
   $= a^{m \times n}$

$m = 2$，$n = 2$ 時，

(🍎²)²

= 🍎 × 🍎 × 🍎 × 🍎

= 🍎⁴

❹ $(ab)^n = (ab) \times (ab) \times (ab) \times \cdots$
   $ = a \times b \times a \times b \times a \times b \times a \times b \times \cdots$
   $ = a^n b^n$

$n = 2$ 時，

$$\left(\text{🍍} \times \text{🍎} \right)^2 = \text{🍍}^2 \times \text{🍎}^2$$

❺ $\left(\dfrac{a}{b}\right)^n = \left(\dfrac{a}{b}\right) \times \left(\dfrac{a}{b}\right) \times \left(\dfrac{a}{b}\right) \times \cdots$
   $\phantom{\left(\dfrac{a}{b}\right)^n} = \dfrac{(a \times a \times a \times \cdots)}{(b \times b \times b \times \cdots)}$
   $\phantom{\left(\dfrac{a}{b}\right)^n} = \dfrac{a^n}{b^n}$

$n = 2$ 時，

$$\left(\text{🍍} / \text{🍎} \right)^2 = \text{🍍}^2 / \text{🍎}^2$$

39　換底公式

$$\log_a b = \frac{\log_c b}{\log_c a}$$

加深理解的圖示說明

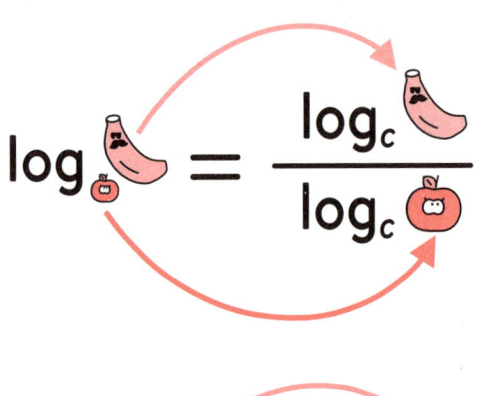

$$\log_a b = \frac{\log_c b}{\log_c a}$$

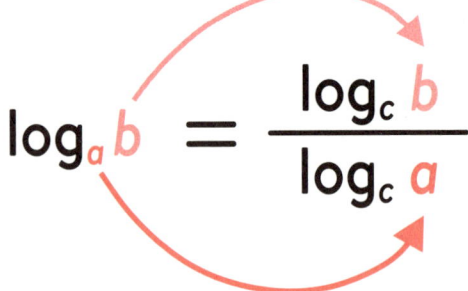

底數由 a 換成 c

當 $\log_a b = x$,依照對數的定義會得到 $a^x = b$。
取以 c 為底數的對數會得到

$$\log_c (a^x) = \log_c b$$

依照對數的特性

$$x \log_c a = \log_c b$$

$$x = \frac{\log_c b}{\log_c a}$$

把一開始的 $\log_a b = x$ 代入,就會得到

$$\log_a b = \frac{\log_c b}{\log_c a}$$

試試看!

◎請簡化 $\log_2 3 \cdot \log_3 4 \cdot \log_4 5 \cdot \log_5 7 \cdot \log_2 2$,將底數統一換成 2。

$\log_2 3 \cdot \log_3 4 \cdot \log_4 5 \cdot \log_5 7 \cdot \log_2 2$

$= \log_2 3 \cdot \dfrac{\log_2 4}{\log_2 3} \cdot \dfrac{\log_2 5}{\log_2 4} \cdot \dfrac{\log_2 7}{\log_2 5} \cdot 1$

$= \log_2 7$

簡化算式時,經常會把底數替換成相同的值。

40　需要記住的指數與對數公式

- **指數公式**

$$a^0 = 1$$

$$a^{-n} = \frac{1}{a^n}$$

$$a^{\frac{1}{2}} = \sqrt{a}$$

- **對數公式**

$$\log_a MN = \log_a M + \log_a N$$

$$\log_a \frac{M}{N} = \log_a M - \log_a N$$

$$\log_a M^k = k \log_a M$$

CHAPTER 4

三角比

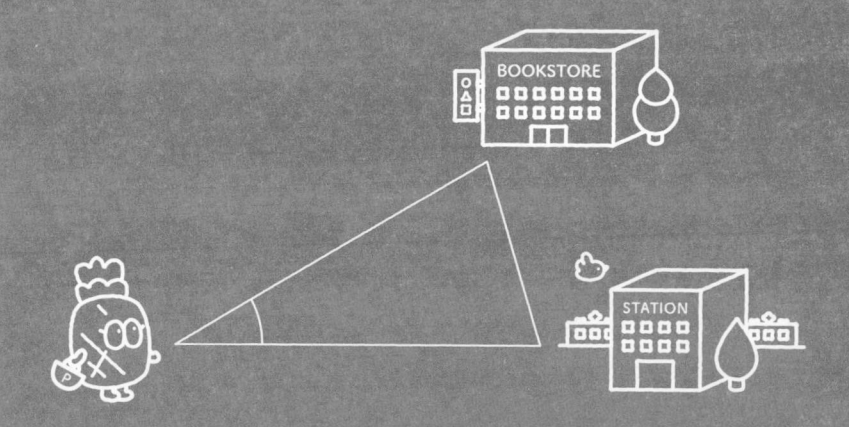

41 三角比

$$\sin\theta = \frac{y}{r}, \quad \cos\theta = \frac{x}{r}, \quad \tan\theta = \frac{y}{x}$$

三角比是指，將直角三角形各邊的比值以角度來表示。將直角三角形中非直角的其中一個角標示為 θ，斜邊標示為 r，θ 的對邊是 y，θ 的鄰邊是 x。

加深理解的圖示說明

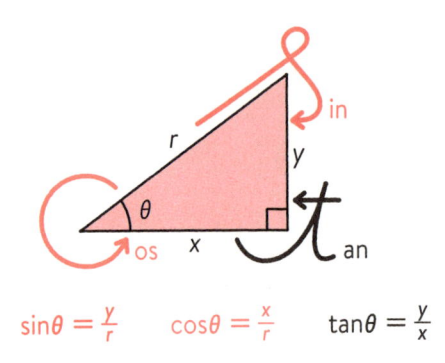

$$\sin\theta = \frac{y}{r} \qquad \cos\theta = \frac{x}{r} \qquad \tan\theta = \frac{y}{x}$$

三角比會隨著角度而改變，但無論三角形是大是小，都會有一樣的三角比。

當直角以外的角度確定後，所有角度的大小會同時確定，各邊的比值也隨著確定。（r = 1 時，cosθ = x、sinθ = y，這時可以把 cosθ 當成 x 坐標，把 sinθ 當成 y 坐標。）

42　三角比的關係 1

$$\tan\theta = \frac{\sin\theta}{\cos\theta}$$

加深理解的圖示說明

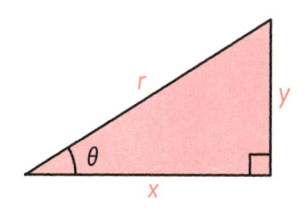

sinθ 是 y，cosθ 是 x，tanθ 則相當於斜率，可以用 sinθ 和 cosθ 來表示。

$$\sin\theta = \frac{y}{r}$$

$$y = r\sin\theta$$

$$\cos\theta = \frac{x}{r}$$

$$x = r\cos\theta$$

把 x、y 代入後，

$$\tan\theta = \frac{y}{x}$$
$$= \frac{r\sin\theta}{r\cos\theta}$$
$$= \frac{\sin\theta}{\cos\theta}$$

43　三角比的關係 2

$$\sin^2\theta + \cos^2\theta = 1$$

$$1 + \tan^2\theta = \frac{1}{\cos^2\theta}$$

$$\cos^2\theta = \frac{1}{1+\tan^2\theta}$$

加深理解的圖示說明

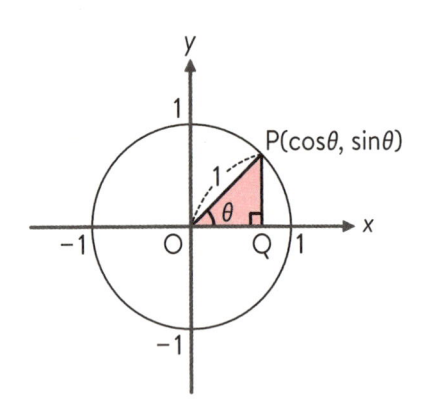

事實上，用畢氏定理就能輕鬆理解。將半徑是 1 的圓稱為單位圓，以這個單位圓來思考。在 △OPQ 使用三角比來計算，因為斜邊的長度相當於半徑，所以數值是 1。

$$\sin\theta = \frac{\overline{PQ}}{1} = \overline{PQ}$$

$$\cos\theta = \frac{\overline{OQ}}{1} = \overline{OQ}$$

這麼一來，就可以確定 P 點的 x 坐標和 y 坐標，在 △OPQ 中用畢氏定理計算。

$$\overline{OP}^2 = \overline{OQ}^2 + \overline{PQ}^2$$

$\overline{OP} = 1$，$\overline{OQ} = \cos\theta$，$\overline{PQ} = \sin\theta$

將各項代入算式會得到

$$1 = \cos^2\theta + \sin^2\theta$$
$$\sin^2\theta + \cos^2\theta = 1$$

第二個算式 $1 + \tan^2\theta = \dfrac{1}{\cos^2\theta}$ 可用下列方法輕鬆推導出來。
把算式 $\sin^2\theta + \cos^2\theta = 1$ 除以 $\cos^2\theta$。

$$\dfrac{\sin^2\theta}{\cos^2\theta} + \dfrac{\cos^2\theta}{\cos^2\theta} = \dfrac{1}{\cos^2\theta}$$
$$\left(\dfrac{\sin\theta}{\cos\theta}\right)^2 + 1 = \dfrac{1}{\cos^2\theta}$$
$$\tan^2\theta + 1 = \dfrac{1}{\cos^2\theta}$$

第三個算式 $\cos^2\theta = \dfrac{1}{1+\tan^2\theta}$ 是把上述式子的兩邊取為倒數。

$$\tan^2\theta + 1 = \dfrac{1}{\cos^2\theta}$$
$$\dfrac{1}{1+\tan^2\theta} = \cos^2\theta$$

※ 可以將算式兩邊取為倒數的理由如下：

$$\tan^2\theta + 1 = \dfrac{1}{\cos^2\theta}$$
$$\cos^2\theta\,(\tan^2\theta + 1) = 1$$
$$\cos^2\theta = \dfrac{1}{\tan^2\theta + 1}$$

44 餘角關係

$$\sin(90°-\theta) = \cos\theta$$
$$\cos(90°-\theta) = \sin\theta$$
$$\tan(90°-\theta) = \frac{1}{\tan\theta}$$

加深理解的圖示說明

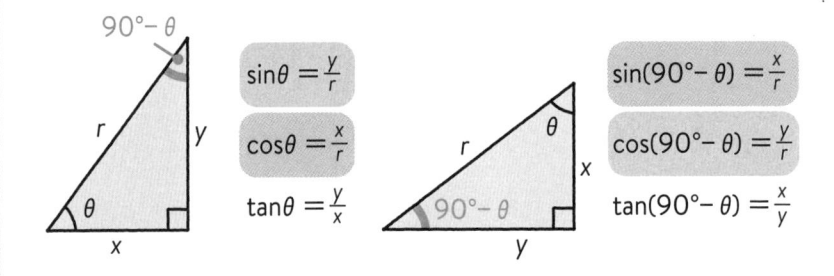

$\sin\theta = \frac{y}{r}$

$\cos\theta = \frac{x}{r}$

$\tan\theta = \frac{y}{x}$

$\sin(90°-\theta) = \frac{x}{r}$

$\cos(90°-\theta) = \frac{y}{r}$

$\tan(90°-\theta) = \frac{x}{y}$

當兩個角加起來等於 90°（直角），這兩個角就互為餘角，又稱互餘，例如 θ 與 $90°-\theta$ 互餘。

$90°-\theta$ 的對邊是 x，鄰邊是 y。只要轉換成相對應的視角，就不必擔心角度出現在不同的位置。

試試看！

◎當 $\theta = 60°$，求 $\sin(90°-\theta)$。

$\sin(90°-60°) = \sin 30° = \frac{1}{2}$

所以我們知道 $\sin 30° = \cos 60° = \frac{1}{2}$

45 補角關係

$$\sin(180°-\theta) = \sin\theta$$
$$\cos(180°-\theta) = -\cos\theta$$
$$\tan(180°-\theta) = -\tan\theta$$

加深理解的圖示說明

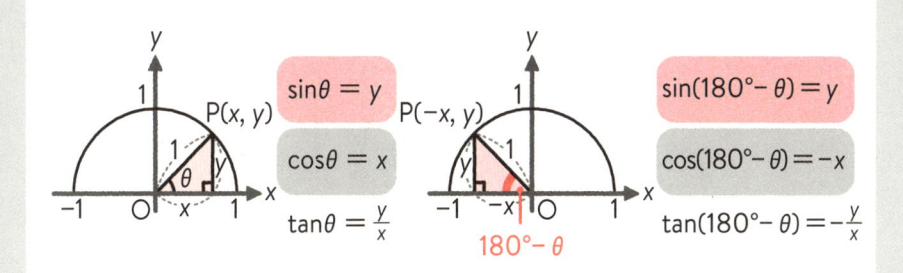

左圖：$\sin\theta = y$，$\cos\theta = x$，$\tan\theta = \dfrac{y}{x}$，點 $P(x, y)$ 在單位圓上。

右圖：$\sin(180°-\theta) = y$，$\cos(180°-\theta) = -x$，$\tan(180°-\theta) = -\dfrac{y}{x}$，點 $P(-x, y)$ 在單位圓上，角度為 $180°-\theta$。

當兩個角加起來等於 180°，這兩個角就互為補角，又稱互補，例如 θ 與 $180°-\theta$ 互補。

補角關係可以用單位圓來思考。

角度是 $180°-\theta$ 時，原本在右邊的三角形移到了左邊，所以 x 坐標變成負值，換句話說，$\cos\theta$ 變成負值。一旦 $\cos\theta$ 變成負值，$\tan\theta$ 也變成負值。

CHAPTER 4 三角比

46 正弦定理

$$\frac{a}{\sin A} = \frac{b}{\sin B} = \frac{c}{\sin C} = 2R$$

若△ABC 的外接圓（連接三角形各頂點的圓）半徑是 R，上述公式成立。

加深理解的圖示說明

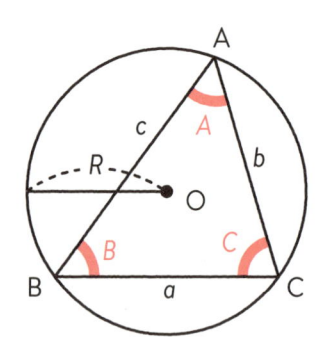

所謂正弦定理是指，三角形中每個角的正弦（$\sin\theta$）與相應對邊的長度比是固定的（$\sin A : \sin B : \sin C = a : b : c$），而相應對邊與角度正弦值的比值等於外接圓的直徑。

可以用上面的圖形來記憶。請特別注意，公式中的 $\sin\theta$ 位於分母。

47　餘弦定理

$$a^2 = b^2 + c^2 - 2bc\cos A$$
$$b^2 = c^2 + a^2 - 2ca\cos B$$
$$c^2 = a^2 + b^2 - 2ab\cos C$$

加深理解的圖示說明

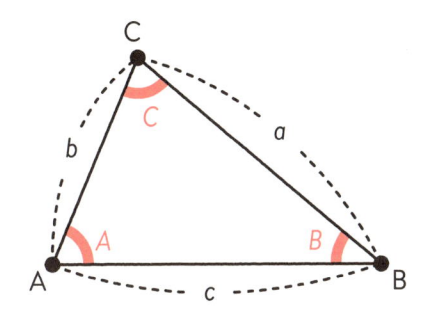

餘弦定理可以視為畢氏定理，並且能適用於直角三角形以外的三角形。

可以用下面的記憶法輕鬆記住：
為了讓畢氏定理適用於直角三角形以外的三角形，必須減去不需要的部分，要減去的是，所求邊的另外兩邊和它們之間夾角的 cos 值乘積的 2 倍。

餘弦定理

🍎 小知識

如果因為某些理由,沒有辦法直接求出 $\overline{AC}$ 之間的距離,就可以用餘弦定理求解!(已知 $\overline{AB}$、$\overline{AC}$ 之間的距離時。)

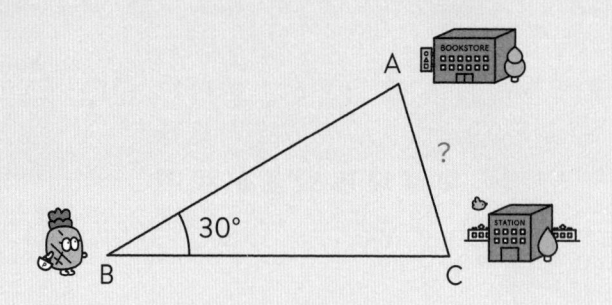

🍎 試試看!

◎在 △ABC 中,$a = 4$,$c = 3$,$B = 60°$ 時,求 b 的值。

$b^2 = c^2 + a^2 - 2ca \cos B$
$b^2 = 3^2 + 4^2 - 2 \times 3 \times 4 \cos 60°$
$b^2 = 3^2 + 4^2 - 2 \times 3 \times 2$
$b^2 = 13$

由於 $b > 0$,$b = \sqrt{13}$

48 弧度量

$$\theta(弧度) = \frac{\ell(弧長)}{r(半徑)}$$

當圓心角是 θ（單位為弧度，rad），圓弧長是 ℓ，半徑是 r 時，上述的公式成立。

加深理解的圖示說明

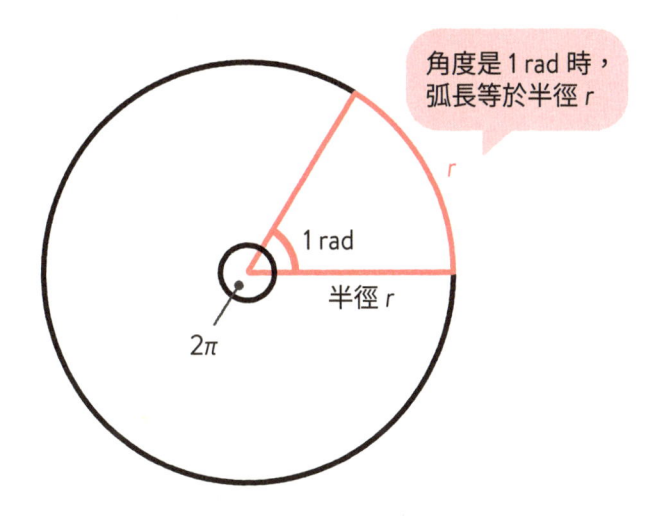

角度是 1 rad 時，弧長等於半徑 r

1 rad
半徑 r
2π

將角度單位改變為弧度量，能讓計算更加方便。
當弧長等於半徑時，我們把這個圓心角定義為 1 rad（弧度），或直接寫成 1，這種表示角度的方法稱為弧度量。
圓的圓周是 $2\pi r$，對應到的圓心角是 2π，即 $2\pi = 360°$，$\pi = 180°$。
另一方面，用度數來表示角度的方法稱為度度量，例如我們熟悉的 30°。

49 正弦與餘弦的疊合公式

$$a\sin\theta + b\cos\theta = \sqrt{a^2+b^2}\sin(\theta+\alpha)$$

$$\sin\alpha = \frac{b}{\sqrt{a^2+b^2}}$$

$$\cos\alpha = \frac{a}{\sqrt{a^2+b^2}}$$

三角函數的疊合 把由 sin 和 cos 表示的式子，變成只由 sin 或 cos 表示的式子。

加深理解的圖示說明

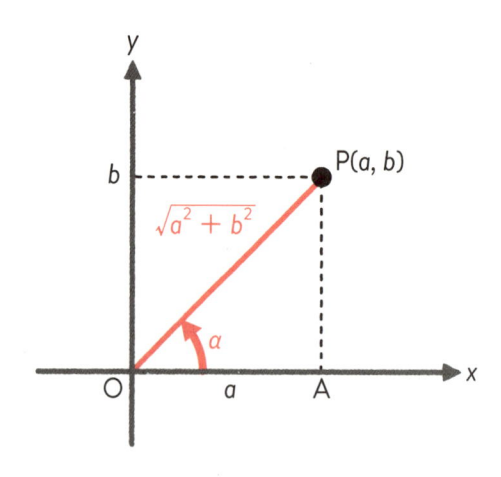

上圖可以用 $\overline{OA} = a = \overline{OP}\cos\alpha$，$\overline{PA} = b = \overline{OP}\sin\alpha$ 來表示。

依照畢氏定理
$$\overline{OP} = \sqrt{\overline{OA}^2 + \overline{PA}^2} = \sqrt{a^2 + b^2}$$

在這裡，可以把 $a\sin\theta + b\cos\theta$ 展開。

$$\begin{aligned}
& a\sin\theta + b\cos\theta \\
&= \overline{OP}\cos\alpha\sin\theta + \overline{OP}\sin\alpha\cos\theta \\
&= \overline{OP}(\cos\alpha\sin\theta + \sin\alpha\cos\theta) \\
&= \sqrt{a^2 + b^2}(\cos\alpha\sin\theta + \sin\alpha\cos\theta) \\
&= \sqrt{a^2 + b^2}(\sin\theta\cos\alpha + \cos\theta\sin\alpha)
\end{aligned}$$

接著可以用和角公式（參考單元 50），得到下列算式：

$$\sqrt{a^2 + b^2}\sin(\theta + \alpha)$$

因為使用三角形中的三角比，所以

$$\sin\alpha = \frac{b}{\sqrt{a^2 + b^2}},\ \cos\alpha = \frac{a}{\sqrt{a^2 + b^2}}$$

🍎 小知識

利用和角公式和畢氏定理，可以把 sin 和 cos 的式子變成只包含 sin 的式子！順帶一提，也可以用三角函數的疊合把式子變成只由 cos 表示的式子（另以 90°− α 作圖）：

$$a\sin\theta + b\cos\theta = \sqrt{a^2 + b^2}\cos(\theta - \alpha)$$

$$(\sin\alpha = \frac{a}{\sqrt{a^2 + b^2}},\ \cos\alpha = \frac{b}{\sqrt{a^2 + b^2}})$$

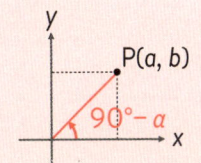

50 需要記住的公式、定理、數值

• **三角比一覽表**

特殊角

$\sin 45° = \cos 45° = \dfrac{1}{\sqrt{2}}$

$\sin 30° = \cos 60° = \dfrac{1}{2}$

$\sin 60° = \cos 30° = \dfrac{\sqrt{3}}{2}$

$\theta + 2\pi$

$\sin(\theta + 2n\pi) = \sin\theta$

$\cos(\theta + 2n\pi) = \cos\theta$

$\tan(\theta + 2n\pi) = \tan\theta$

$-\theta$

$\sin(-\theta) = -\sin\theta$

$\cos(-\theta) = \cos\theta$

$\tan(-\theta) = -\tan\theta$

$\theta + \pi$

$\sin(\theta + \pi) = -\sin\theta$

$\cos(\theta + \pi) = -\cos\theta$

$\tan(\theta + \pi) = \tan\theta$

$\theta + \dfrac{\pi}{2}$

$\sin(\theta + \dfrac{\pi}{2}) = \cos\theta$

$\cos(\theta + \dfrac{\pi}{2}) = -\sin\theta$

$\tan(\theta + \dfrac{\pi}{2}) = -\dfrac{1}{\tan\theta}$

- **和角公式**

$$\sin(\alpha+\beta) = \sin\alpha\cos\beta + \cos\alpha\sin\beta$$

$$\sin(\alpha-\beta) = \sin\alpha\cos\beta - \cos\alpha\sin\beta$$

$$\cos(\alpha+\beta) = \cos\alpha\cos\beta - \sin\alpha\sin\beta$$

$$\cos(\alpha-\beta) = \cos\alpha\cos\beta + \sin\alpha\sin\beta$$

$$\tan(\alpha+\beta) = \frac{\tan\alpha + \tan\beta}{1-\tan\alpha\tan\beta}$$

$$\tan(\alpha-\beta) = \frac{\tan\alpha - \tan\beta}{1+\tan\alpha\tan\beta}$$

- **二倍角公式**

$$\sin 2\alpha = 2\sin\alpha\cos\alpha$$

$$\cos 2\alpha = \cos^2\alpha - \sin^2\alpha$$

$$= 1 - 2\sin^2\alpha$$

$$= 2\cos^2\alpha - 1$$

$$\tan^2\alpha = \frac{2\tan\alpha}{1-\tan^2\alpha}$$

- **半角公式**

$$\sin^2\frac{\alpha}{2} = \frac{1-\cos\alpha}{2}$$

$$\cos^2\frac{\alpha}{2} = \frac{1+\cos\alpha}{2}$$

$$\tan^2\frac{\alpha}{2} = \frac{1-\cos\alpha}{1+\cos\alpha}$$

• 積化和差公式

$$\sin\alpha\cos\beta = \frac{1}{2}\{\sin(\alpha+\beta)+\sin(\alpha-\beta)\}$$

$$\cos\alpha\sin\beta = \frac{1}{2}\{\sin(\alpha+\beta)-\sin(\alpha-\beta)\}$$

$$\cos\alpha\cos\beta = \frac{1}{2}\{\cos(\alpha+\beta)+\sin(\alpha-\beta)\}$$

$$\sin\alpha\sin\beta = -\frac{1}{2}\{\cos(\alpha+\beta)-\cos(\alpha-\beta)\}$$

• 和差化積公式

$$\sin A + \sin B = 2\sin\frac{A+B}{2}\cos\frac{A-B}{2}$$

$$\sin A - \sin B = 2\cos\frac{A+B}{2}\sin\frac{A-B}{2}$$

$$\cos A + \cos B = 2\cos\frac{A+B}{2}\cos\frac{A-B}{2}$$

$$\cos A - \cos B = -2\sin\frac{A+B}{2}\sin\frac{A-B}{2}$$

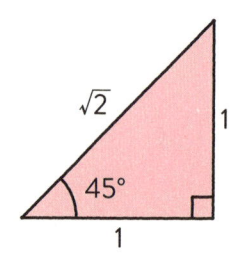

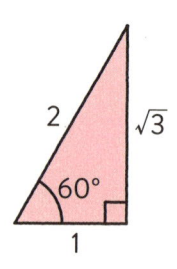

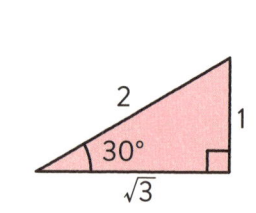

CHAPTER 5

圖形的性質與方程式

51 孟氏定理

$$\frac{\overline{BE}}{\overline{EC}} \times \frac{\overline{CF}}{\overline{FA}} \times \frac{\overline{AD}}{\overline{DB}} = 1$$

孟氏定理

當一直線不通過三角形頂點，而與三角形各邊（或延長線）相交時，三角形頂點至交點的各線段比例的乘積等於1。

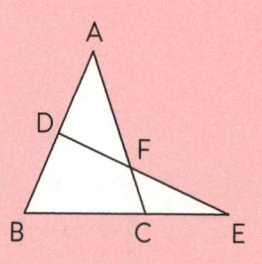

加深理解的圖示說明

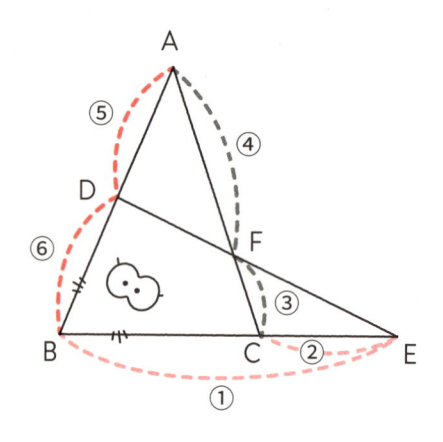

利用圖形來記住公式吧。

$$\frac{\overline{BE}}{\overline{EC}} \times \frac{\overline{CF}}{\overline{FA}} \times \frac{\overline{AD}}{\overline{DB}} = 1$$

$$\frac{①}{②} \times \frac{③}{④} \times \frac{⑤}{⑥} = 1$$

試試看！

◎有一個三角形 ABC 如右圖，
　求 $\overline{DO}:\overline{OE}$。

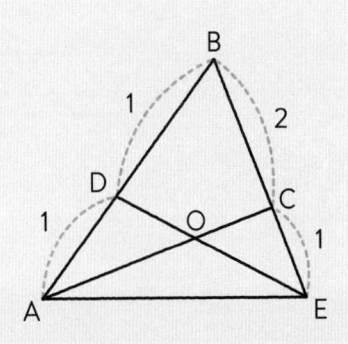

利用孟氏定理就可以求出答案。

如圖，可視為 $\overline{AC}$ 交三角形 BDE 於 A、O、C 三點，

$$\frac{\overline{EC}}{\overline{CB}} \times \frac{\overline{BA}}{\overline{AD}} \times \frac{\overline{DO}}{\overline{OE}} = 1$$

$$\frac{1}{2} \times \frac{2}{1} \times \frac{\overline{DO}}{\overline{OE}} = 1$$

$$\overline{DO} = \overline{OE}$$

$$\overline{DO} : \overline{OE} = 1:1$$

小知識

孟氏定理由乘法構成，所以這裡的記憶法就算改變順序也沒有問題，即使分母和分子對調也同樣成立。因此在不同的教科書中，孟式定理的公式可能會有不同的寫法。

CHAPTER **5**　圖形的性質與方程式

52　西瓦定理

$$\frac{\overline{AR}}{\overline{RB}} \times \frac{\overline{BP}}{\overline{PC}} \times \frac{\overline{CQ}}{\overline{QA}} = 1$$

西瓦定理

由三角形各頂點拉出的線段通過同一點，且與三角形各邊相交時，三角形頂點至交點的各線段比例的乘積等於1。

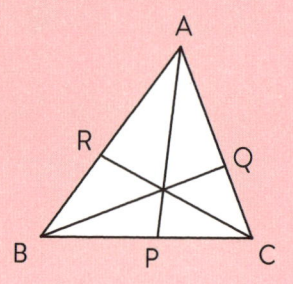

加深理解的圖示說明

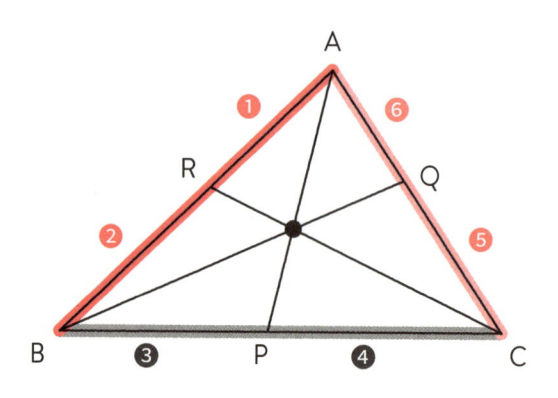

概念上可視為繞三角形一圈等於1。

$$\frac{\overline{AR}}{\overline{RB}} \times \frac{\overline{BP}}{\overline{PC}} \times \frac{\overline{CQ}}{\overline{QA}} = 1$$

$$\frac{①}{②} \times \frac{③}{④} \times \frac{⑤}{⑥} = 1$$

> 試試看！

◎在三角形 ABC 中，R 是 $\overline{AB}$ 邊的中點，Q 點將 $\overline{AC}$ 邊分為 2：3 時，求 $\overline{BP}:\overline{PC}$。

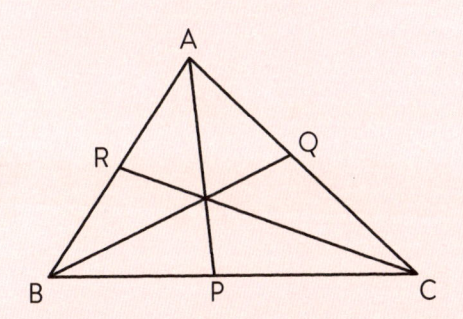

利用西瓦定理就可以求出答案。

$$\frac{\overline{AR}}{\overline{RB}} \times \frac{\overline{BP}}{\overline{PC}} \times \frac{\overline{CQ}}{\overline{QA}} = 1$$

$$\frac{1}{1} \times \frac{\overline{BP}}{\overline{PC}} \times \frac{3}{2} = 1$$

$$\frac{\overline{BP}}{\overline{PC}} = \frac{2}{3}$$

所以 $\overline{BP}:\overline{PC} = 2:3$

53　圓周角定理

$$\angle APB = \frac{1}{2}\angle AOB$$

圓周上連接 A、B 兩點的曲線稱為 $\overset{\frown}{AB}$。

在 $\overset{\frown}{AB}$ 以外的圓周上取 P 點時，∠APB 稱為圓周角。

另外當圓心為 O 時，∠AOB 稱為圓心角。

當弧是半圓時，圓周角是 90°。

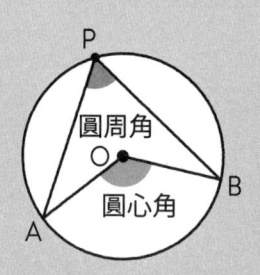

圓周角定理

當圓周角和圓心角對應相同的弧，則圓周角為圓心角的一半。

加深理解的圖示說明

$\angle APB = \frac{1}{2}\angle AOB$……（甲）

$\angle APB = \angle AQB$……（乙）

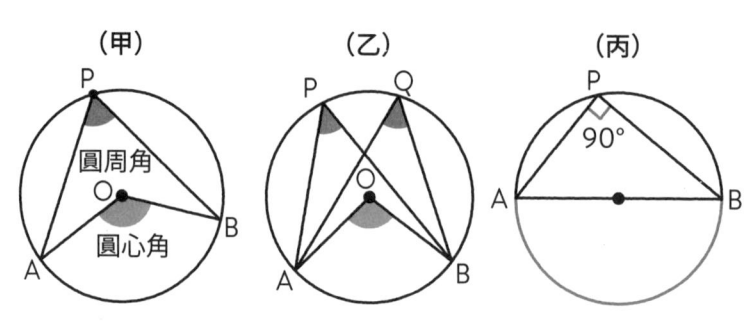

$\angle APB = 90°$……（丙）

（甲）（乙）（丙）

90　數學公式圖鑑

54 弦切角定理

$$\angle BAT = \angle ACB$$

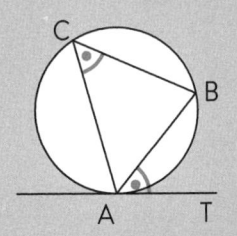

圓的弦 $\overline{AB}$ 和經過點 A 的切線 $\overline{AT}$ 所形成的角∠BAT，這個包含 $\overparen{AB}$ 的角，會等於 $\overparen{AB}$ 所對應的圓周角∠ACB。

加深理解的圖示說明

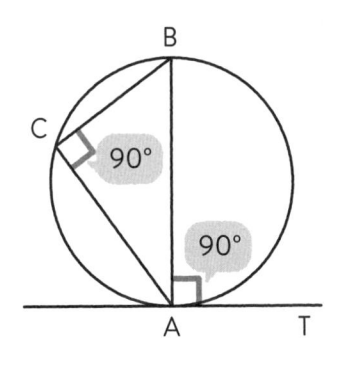

可以用圓周角 90°時的圖形來記住這個概念。

弧是半圓時，圓周角是 90°。

切線 $\overline{AT}$ 和弦 $\overline{AB}$ 所形成的角也是 90°，從圖上可以一目了然的看出：這個角等於圓周角。

55　圓冪定理

從一個圓引出任意兩條直線時，會存在下列關係，稱為圓冪定理。

加深理解的圖示說明

- $\overline{PA} \cdot \overline{PB} = \overline{PC} \cdot \overline{PD}$

① 內冪性質

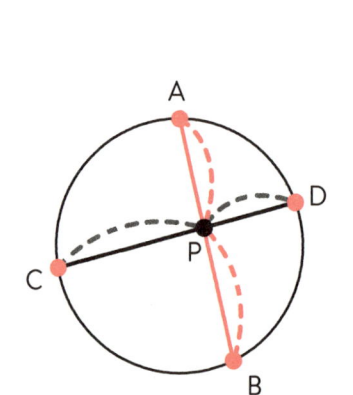

② 外冪性質

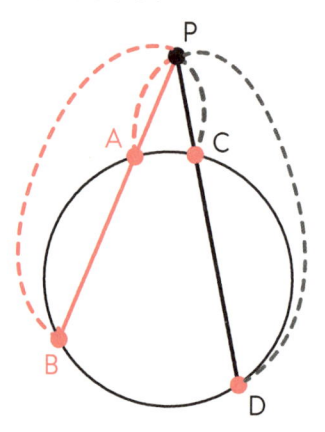

- $\overline{PA} \cdot \overline{PB} = \overline{PT}^2$

③ 切割線性質

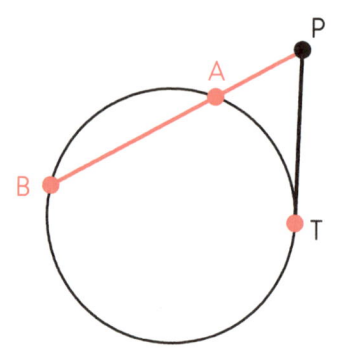

🍎 證明

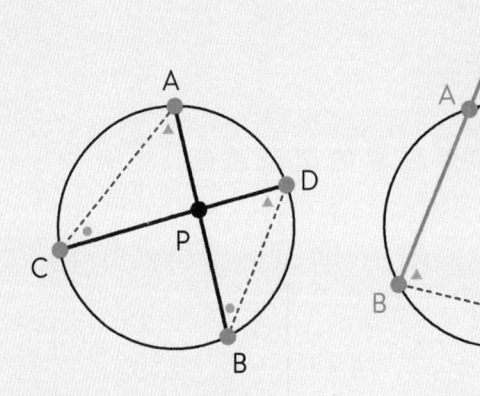

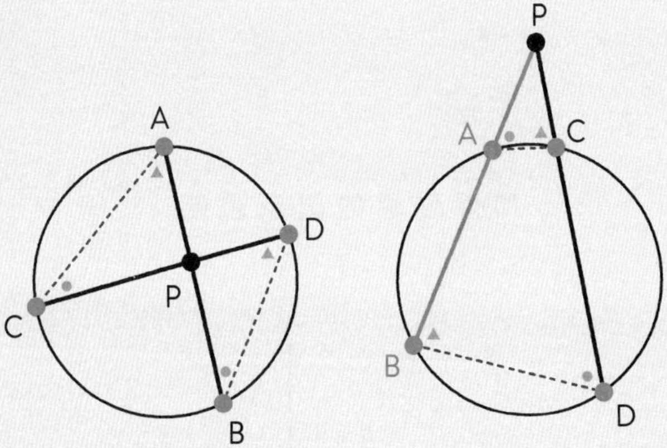

比較圖形中的相似三角形，

$$\triangle APC \sim \triangle DPB$$
$$\overline{PA} : \overline{PC} = \overline{PD} : \overline{PB}$$

接下來，按照「內內外外」的順序計算，得到

$$\overline{PA} \cdot \overline{PB} = \overline{PC} \cdot \overline{PD}$$

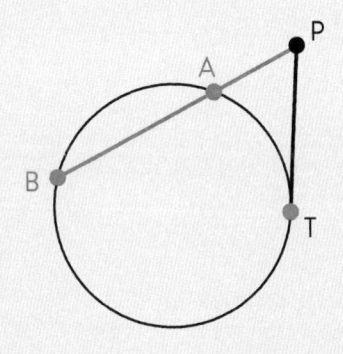

可以用上面的方法記憶公式③，把 $\overline{PD}$ 和 $\overline{PC}$ 換成 $\overline{PT}$ 而已。

56 三角形的面積

$$\frac{1}{2} ab \sin C = \frac{1}{2} bc \sin A = \frac{1}{2} ca \sin B$$

加深理解的圖示說明

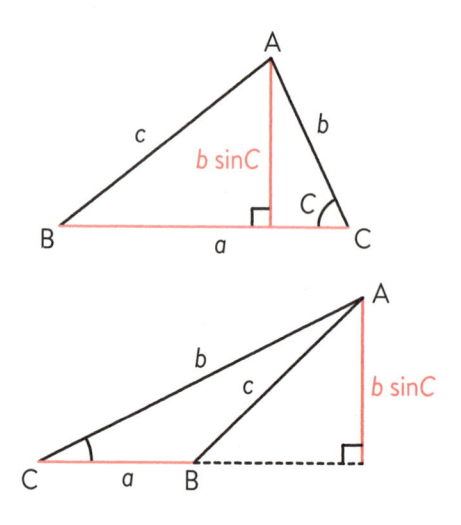

在上圖中，當 $\overline{BC}$ 做為底邊時，高是 $b \sin C$，面積會是

$$S = \frac{1}{2} a \times b \sin C = \frac{1}{2} ab \sin C$$

分別把 $\overline{AB}$、$\overline{AC}$ 做為底邊時，可以得到面積等於 $\frac{1}{2} ca \sin B$ 或 $\frac{1}{2} bc \sin A$。

57 海龍公式

$$s = \frac{a+b+c}{2}, \quad S = \sqrt{s(s-a)(s-b)(s-c)}$$

海龍公式可用三角形的邊長 a、b、c 計算三角形的面積。

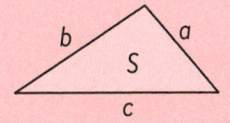

加深理解的圖示說明

在單元 56 中，計算面積的公式 $S = \frac{1}{2}ab\sin C$ 是以 sin 表示，這裡改成用 cos 表示，算式如下：

$S = \frac{1}{2}ab\sin C = \frac{1}{2}ab\sqrt{1-\cos^2 C}$ ← 因為 $\sin^2\theta + \cos^2\theta = 1$

$= \frac{1}{2}ab\sqrt{1-\left(\frac{a^2+b^2-c^2}{2ab}\right)^2}$ ← 餘弦定理

$= \frac{1}{4} \times 2ab\sqrt{1-\left(\frac{a^2+b^2-c^2}{2ab}\right)^2}$ ← 為了消去根號中的分母，用強制轉換的方式將 2ab 放入根號中

$= \frac{1}{4}\sqrt{(2ab)^2 - (a^2+b^2-c^2)^2}$

$= \frac{1}{4}\sqrt{(2ab + a^2 + b^2 - c^2)(2ab - a^2 - b^2 + c^2)}$

$= \frac{1}{4}\sqrt{\{(a+b)^2 - c^2\}\{c^2 - (a-b)^2\}}$ ← 因式分解 $a^2 - b^2 = (a+b)(a-b)$

$= \frac{1}{4}\sqrt{(a+b+c)(a+b-c)(c+a-b)(c-a+b)}$

$= \frac{1}{4}\sqrt{16\{s(s-c)(s-b)(s-a)\}}$ ← 以 $s = \frac{a+b+c}{2}$ 代入

$= \sqrt{s(s-a)(s-b)(s-c)}$

58 內切圓求三角形面積

$$S = \frac{1}{2}r(a+b+c)$$

三角形的內切圓

在三角形內，與三個邊都相切的圓。

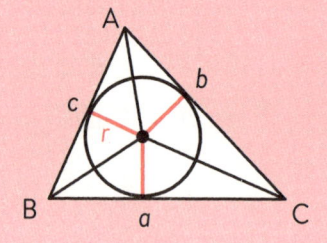

加深理解的圖示說明

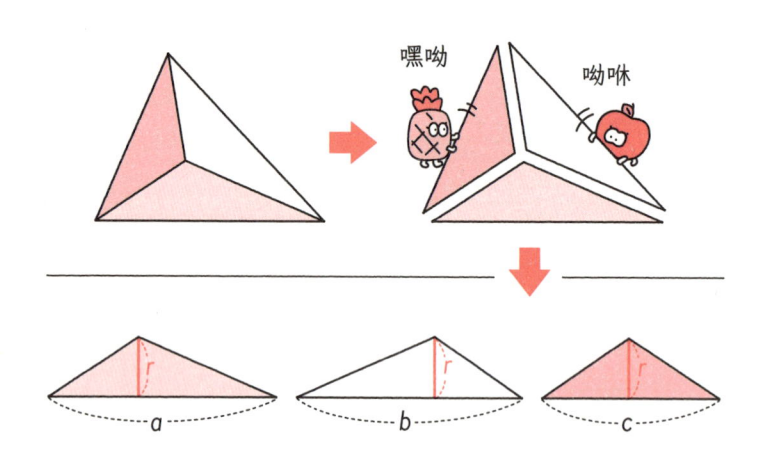

嘿呦　呦咻

由圖可見，高是內切圓的半徑 r，三角形的底邊分別是 a、b、c。將這些三角形的面積相加，就是原本三角形的面積，所以：

$$S = \frac{1}{2}ar + \frac{1}{2}br + \frac{1}{2}cr = \frac{1}{2}r(a+b+c)$$

59 正三角形的面積

$$S = \frac{\sqrt{3}}{4}a^2$$

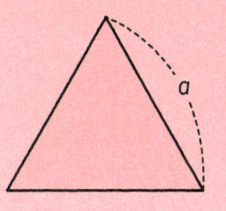

加深理解的圖示說明

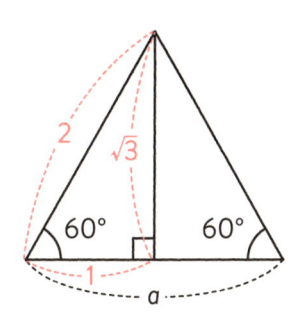

假設高是 h，用下列的比可以得到

$$2 : \sqrt{3} = a : h$$

$$2h = \sqrt{3}a$$

$$h = \frac{\sqrt{3}}{2}a$$

面積會是

$$S = \frac{1}{2}a \times h$$
$$= \frac{1}{2}a \times \frac{\sqrt{3}}{2}a$$
$$= \frac{\sqrt{3}}{4}a^2$$

CHAPTER 5　圖形的性質與方程式

60 四邊形的面積

$$\frac{1}{2}ab\sin\theta$$

四邊形的對角線長為 a 和 b 時，面積可以用上面的公式表示。

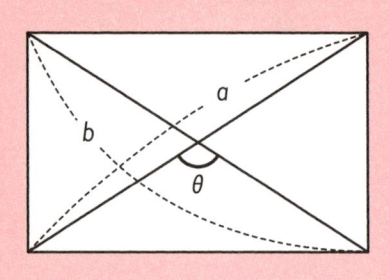

加深理解的圖示說明

這個公式乍看之下是用來求三角形的面積，但也可以用來求四邊形的面積。

因為正方形或菱形的 $\theta = 90°$，面積 S 可以滿足 $S = \frac{1}{2}ab$（也就是對角線×對角線÷2）。不過，要如何計算其他四邊形的面積呢？讓我們用下圖的四邊形來思考。

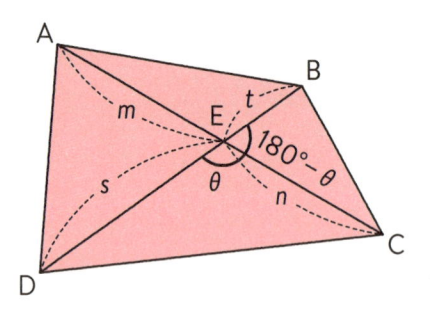

如圖，設 $s + t = a$，$m + n = b$。

此時，△DEC 的面積可由下列算式求得：

△DEC $= \frac{1}{2} s \times n \times \sin\theta$

同樣的，由於對頂角相等，$\angle AEB = \theta$，

所以△AEB 的面積可以由下列算式求出：

$$\triangle AEB = \frac{1}{2} m \times t \times \sin\theta$$

△BEC 的面積是

$$\triangle BEC = \frac{1}{2} t \times n \times \sin(180°-\theta) = \frac{1}{2} t \times n \times \sin\theta$$

同樣的，由於對頂角相等，∠AED ＝ 180°-θ，所以△AED 的面積是

$$\triangle AED = \frac{1}{2} m \times s \times \sin(180°-\theta) = \frac{1}{2} m \times s \times \sin\theta$$

把這些算式相加，可以得到四邊形的面積 S，

$$\begin{aligned}
S &= \triangle DEC + \triangle AEB + \triangle BEC + \triangle AED \\
&= \frac{1}{2} s \times n \times \sin\theta + \frac{1}{2} m \times t \times \sin\theta + \frac{1}{2} t \times n \times \sin\theta \\
&\quad + \frac{1}{2} m \times s \times \sin\theta \\
&= \frac{1}{2} \sin\theta (ns + mt + nt + ms)
\end{aligned}$$

此時，將 (ns ＋ mt ＋ nt ＋ ms) 轉換成下列形式：

$$\begin{aligned}
ns + mt + nt + ms &= ms + mt + ns + nt \\
&= m(s + t) + n(s + t) \\
&= (m + n)(s + t) \\
&= ab
\end{aligned}$$

因此，$S = \frac{1}{2} ab \sin\theta$ 成立。

也就是說，只要知道對角線的長度，以及對角線之間的角度，就可以求出四邊形的面積。

61 坐標上三角形的面積

三角形的面積＝
$$\frac{1}{2}|x_1 y_2 - x_2 y_1|$$

在坐標平面上，有個三角形以三點 O(0, 0)、A(x_1, y_1)、B(x_2, y_2) 為頂點，這個三角形的面積可以由上面的公式求出。

加深理解的圖示說明

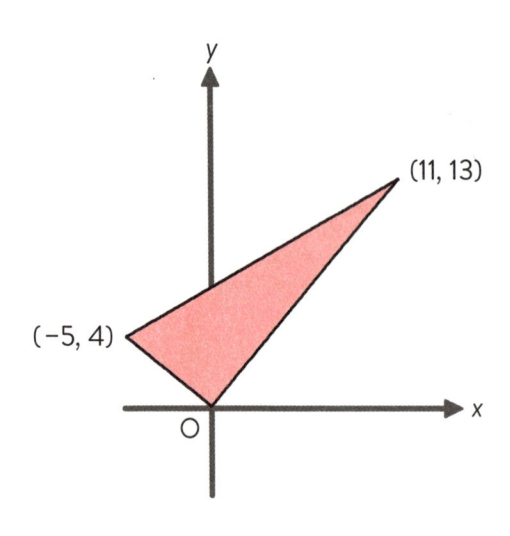

(11, 13)

(−5, 4)

讓我們用左頁的圖來思考。
通過原點的三角形面積，可以用 $\frac{1}{2}|x_1y_2 - x_2y_1|$ 求出，得到
$\frac{1}{2}|11×4-(-5)×13| = \frac{109}{2}$ 的結果。

接著讓我們看看，三角形的頂點沒有通過原點時該如何計算面積。
例如，某個三角形的頂點分別為點 A(-2, 6)、點 B(14, 15)、點 C(3, 2)，試求出此三角形的面積。

由於頂點沒有通過原點，可以想像一下，把圖形其中一個頂點往原點移動。
比如把點 C(3, 2) 往原點方向移動。
於是，所有的頂點都會往 x 方向移動 -3，往 y 方向移動 -2，接著得到一個頂點在原點的三角形。之後，只要在移動後的坐標上，進行同樣的計算就可以求出面積。

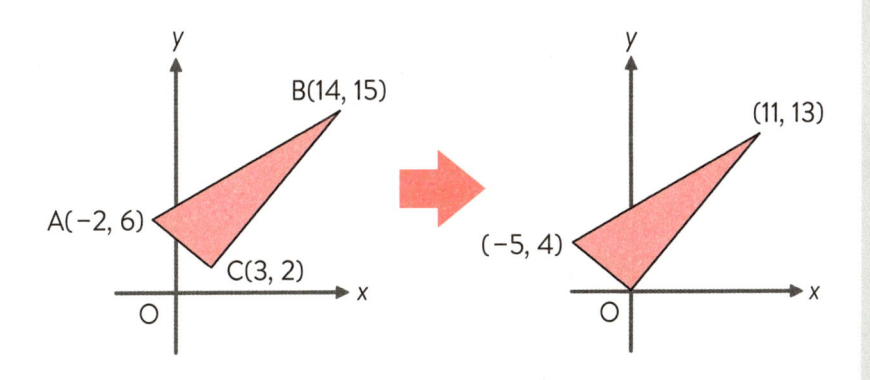

62 點和直線的距離

點 P(x_1, y_1) 和直線 $ax + by + c = 0$ 的距離 d 可以用下列公式表示。

$$d = \frac{|ax_1 + by_1 + c|}{\sqrt{a^2 + b^2}}$$

加深理解的圖示說明

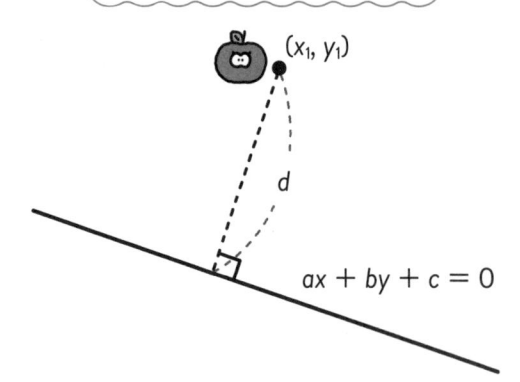

試試看！

◎求點 (1, 2) 和直線 $3x + 4y + 4 = 0$ 的距離。

$$d = \frac{|ax_1 + by_1 + c|}{\sqrt{a^2 + b^2}} = \frac{|3 \cdot 1 + 4 \cdot 2 + 4|}{\sqrt{3^2 + 4^2}} = \frac{|15|}{\sqrt{25}} = \frac{15}{5} = 3$$

◎求點 (3, −3) 和直線 $y = -2x + 4$ 的距離。

$$d = \frac{|ax_1 + by_1 + c|}{\sqrt{a^2 + b^2}} = \frac{|2 \cdot 3 + 1 \cdot (-3) - 4|}{\sqrt{2^2 + 1^2}} = \frac{|-1|}{\sqrt{5}} = \frac{1}{\sqrt{5}} = \frac{\sqrt{5}}{5}$$

63　圓方程式

以點 C(a, b) 為中心，半徑是 r 的圓方程式可以用下列的標準式表示。

$$(x-a)^2 + (y-b)^2 = r^2$$

加深理解的圖示說明

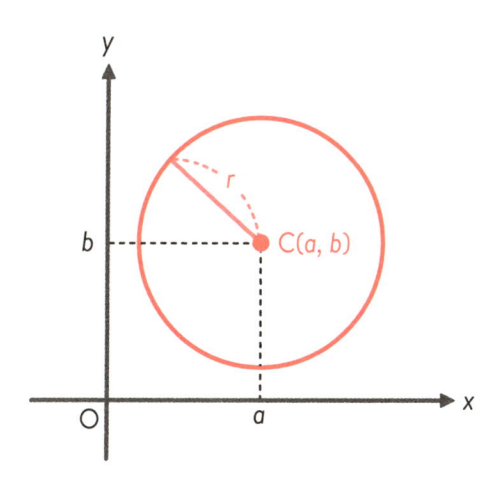

當點 C(a, b) 位於原點時，因為 $a = b = 0$，所以 $x^2 + y^2 = r^2$。

除了本單元列出的標準式，圓方程式也可以表示為一般式：

$$x^2 + y^2 + lx + my + n = 0$$

通過三個點求圓方程式時，可以考慮使用一般式。

64 圓的參數式

當圓以點 C(a, b) 為中心，半徑為 r，則圓的標準式為 $(x-a)^2 + (y-b)^2 = r^2$，也可以寫成下列的參數式。

$$\begin{cases} x = r\cos\theta + a \\ y = r\sin\theta + b \end{cases}$$

加深理解的圖示說明

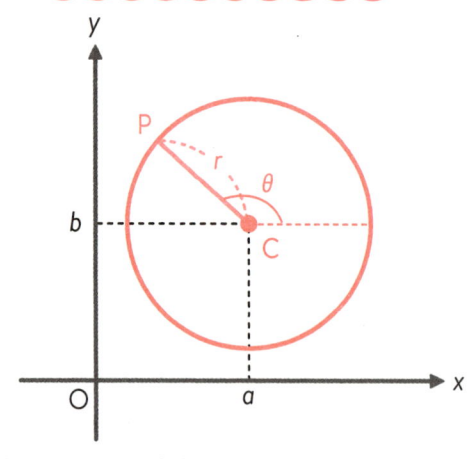

當圓心在原點 O(0, 0)，半徑為 r，圓上任一點為 P(x, y)，則

$$\begin{cases} x = r\cos\theta \\ y = r\sin\theta \end{cases}$$

當圓心移動至 C(a, b)，則圓上各點的 x 坐標都會跟著移動 a，y 坐標都會跟著移動 b，所以

$$\begin{cases} x = r\cos\theta + a \\ y = r\sin\theta + b \end{cases}$$

依據單元 63，圓心在 C(a, b) 的圓可以用標準式表示成 $(x-a)^2 + (y-b)^2 = r^2$。

65 圓的直徑式

若有兩點 $A(x_1, y_1)$ 和 $B(x_2, y_2)$，且 $\overline{AB}$ 為圓的直徑，則圓的方程式可以用下列的直徑式表示。

$$(x-x_1)(x-x_2)+(y-y_1)(y-y_2)=0$$

加深理解的圖示說明

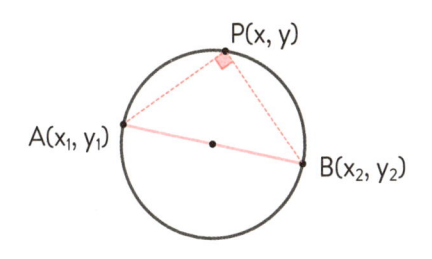

在 △ABP 中，因為 $\angle P = \frac{1}{2}\overparen{AB} = 90°$，所以 △ABP 為直角三角形，得
$$\overline{AP}^2 + \overline{BP}^2 = \overline{AB}^2$$

$(x-x_1)^2 + (y-y_1)^2 + (x-x_2)^2 + (y-y_2)^2 = (x_2-x_1)^2 + (y_2-y_1)^2$

展開後得到

$(x^2 - 2xx_1 + x_1^2) + (y^2 - 2yy_1 + y_1^2) + (x^2 - 2xx_2 + x_2^2) + (y^2 - 2yy_2 + y_2^2) = (x_2^2 - 2x_2 x_1 + x_1^2) + (y_2^2 - 2y_2 y_1 + y_1^2)$

整理並化簡，得到

$x^2 - xx_1 - xx_2 + x_2 x_1 + y^2 - yy_1 - yy_2 + y_2 y_1 = 0$

因式分解，可得

$(x - x_1)(x - x_2) + (y - y_1)(y - y_2) = 0$

※ 如果您已經學到第 9 章的向量（單元 104），可以很輕易的用 $\overrightarrow{AP} \cdot \overrightarrow{BP} = 0$ 得出公式。

66 球面方程式

中心為原點，半徑為 r 的球面方程式：

$$x^2 + y^2 + z^2 = r^2$$

中心為點 A(a, b, c)，半徑為 r 的球面方程式：

$$(x-a)^2 + (y-b)^2 + (z-c)^2 = r^2$$

加深理解的圖示說明

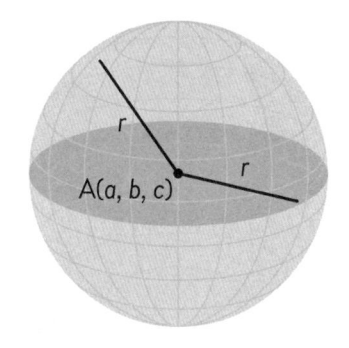

說明

可以比照平面的圓來思考立體空間的球，但要增加 z 軸。中心為點 (a, b)，半徑為 r 的圓方程式是 $(x-a)^2 + (y-b)^2 = r^2$。從平面的圓轉移到立體空間的球時加入了 z 軸，因此以 (a, b, c) 為中心，半徑為 r 的球方程式是

$$(x-a)^2 + (y-b)^2 + (z-c)^2 = r^2$$

當中心為原點時，因為 $a = b = c = 0$，所以

$$x^2 + y^2 + z^2 = r^2$$

CHAPTER 6

微分與積分

67 平均變化率

$$\frac{f(a+h)-f(a)}{h}$$

平均變化率

當函數 $f(x)$ 的 x 值,從 a 變為 $a+h$ 時,函數變化的比率。

加深理解的圖示說明

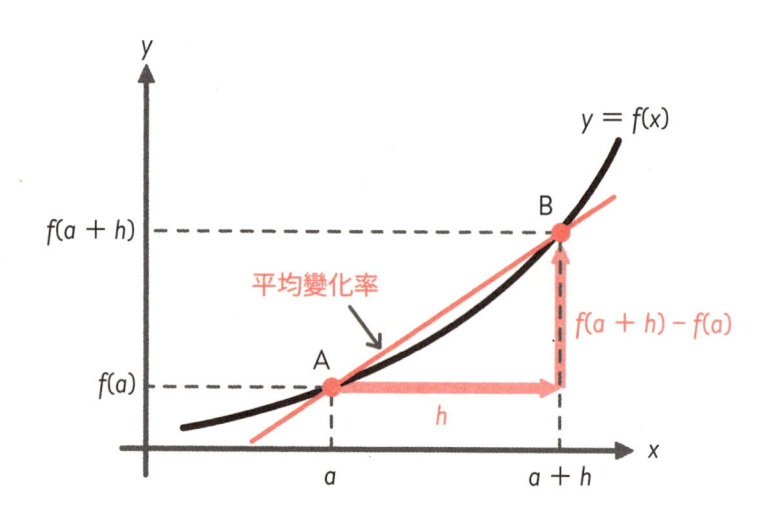

乍看之下好像很難,但即使是國中生也能理解!
我們介紹函數時解釋過變化率(單元 35),只是這裡把敘述改成高中生的版本。

$$變化率 = \frac{y \text{ 的增加量}}{x \text{ 的增加量}}$$

變化率的算式轉換後就是平均變化率。
x 的增加量是 $(a+h)-a$,可置換成 h,而 y 的增加量是將 $y = f(x)$ 中的 x 用 $(a+h)$ 和 a 代入。

以這種方式來看變化率就能輕鬆了解!

試試看!

◎求函數 $f(x) = x^2$,x 值從 2 變到 6 時的平均變化率。

$$\frac{f(6)-f(2)}{6-2} = \frac{6^2-2^2}{4} = \frac{36-4}{4} = 8$$

◎求函數 $f(x) = 3x + 5$,x 值從 2 變到 6 時的平均變化率。

$$\frac{f(6)-f(2)}{6-2} = \frac{23-11}{4} = \frac{12}{4} = 3$$

68 極 限

某函數 $f(x)$，當 x 無限趨近常數 a 時，如果函數 $f(x)$ 無限趨近一常數 A，可以用下列公式表示。

$$\lim_{x \to a} f(x) = A$$

此時稱 A 是 $x \to a$ 時的極限值。

加深理解的圖示說明

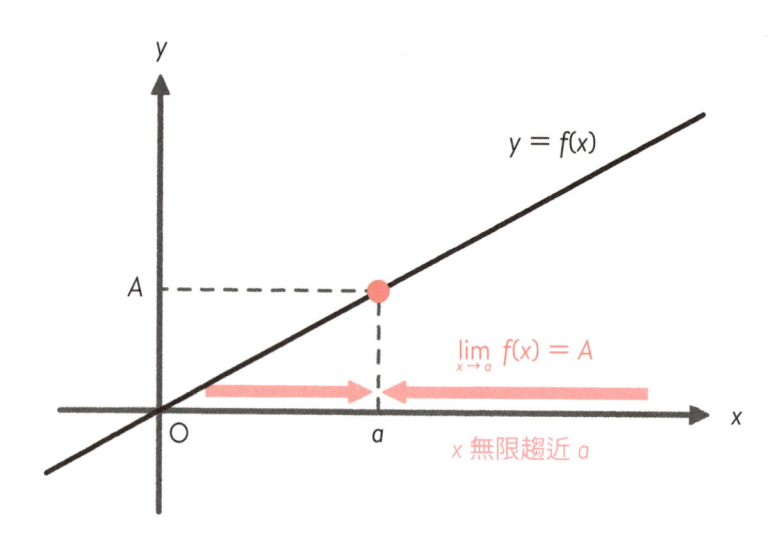

$y = f(x)$

$$\lim_{x \to a} f(x) = A$$

x 無限趨近 a

「極限」的概念就是趨近界限。

界限的英文是 limit，在這裡寫成 lim，意思是「無限趨近某個值但不等於」。

日常生活中有個例子很貼切：打掃學校用畚箕收集垃圾時，會發現垃圾總是沒辦法完全收集乾淨對吧？

於是得重複同樣的操作好幾次，如果從數學的角度來說明，就會寫成下面的形式。

假設最初的垃圾量是 1，用畚箕能收集到的量是 0.9，剩下 0.1 再收集時，能收集到的是 0.09，剩下 0.01 再收集時，能收集到的是 0.009，以此類推，就是

$$0.9 + 0.09 + 0.009 + \cdots$$

這樣無限延續下去，總和逐漸趨近 1。這就是極限的概念。以數學式來表示時，寫成

$$\lim_{x \to 1}$$

lim 的下方寫上要趨近的值，右邊則寫上目標函數。例如

$$\lim_{x \to 1} x$$

就表示如下圖那樣逐漸趨近。

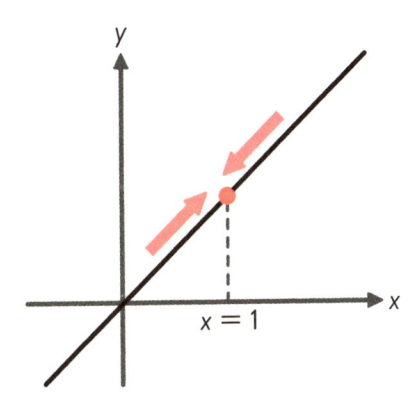

數學式可以寫成

$$\lim_{x \to 1} x = 1$$

69 導數

$$f'(a) = \lim_{h \to 0} \frac{f(a+h) - f(a)}{h}$$

或是

$$f'(a) = \lim_{b \to a} \frac{f(b) - f(a)}{b - a}$$

函數 $f(x)$ 在 $x = a$ 時的導數可以用上面的公式表示。導數是「切線的斜率」，而在上面的公式中，導數表示點在 $(a, f(a))$ 處的切線斜率。

加深理解的圖示說明

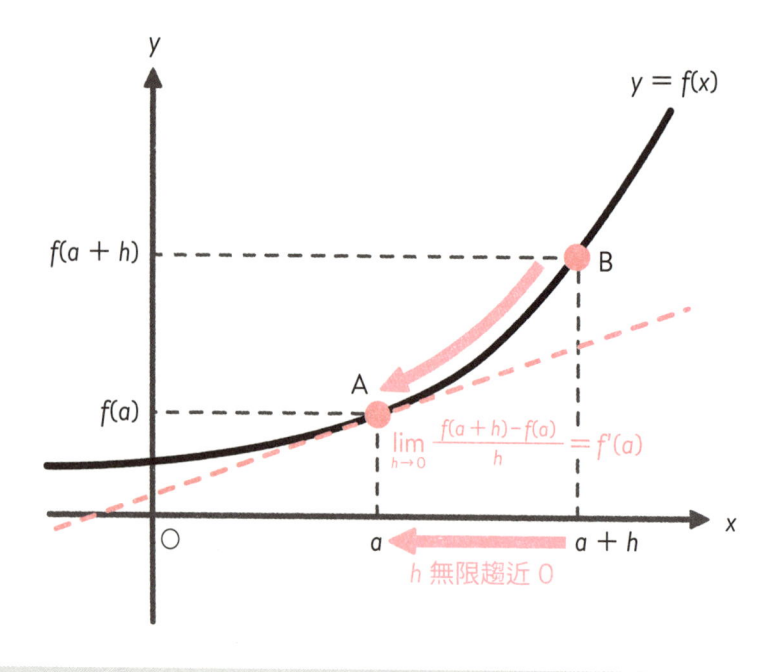

$$\lim_{h \to 0} \frac{f(a+h) - f(a)}{h} = f'(a)$$

h 無限趨近 0

我們可以把「導數」看成在一個點上求平均變化率。
求平均變化率時需要兩個點,把這兩個點看成無限趨近!
由於導數的意思是指斜率,說到底還是需要兩個點,但這兩個點無限趨近時,最終看起來會像是一個點。

🍎 試試看!

◎當 $f(x) = x^2$ 時,求 $f'(2)$。

$$\begin{aligned}
f'(2) &= \lim_{h \to 0} \frac{f(2+h) - f(2)}{h} \\
&= \lim_{h \to 0} \frac{1}{h} \{f(2+h) - f(2)\} \\
&= \lim_{h \to 0} \frac{1}{h} \{(2+h)^2 - 2^2\} \\
&= \lim_{h \to 0} \frac{1}{h} \{4 + 4h + h^2 - 4\} \\
&= \lim_{h \to 0} \frac{1}{h} \{4h + h^2\} \\
&= \lim_{h \to 0} (4 + h) \\
&= 4
\end{aligned}$$

◎當 $f(x) = 2x^2$ 時,求 $f'(1)$。

$$\begin{aligned}
f'(1) &= \lim_{h \to 0} \frac{f(1+h) - f(1)}{h} \\
&= \lim_{h \to 0} \frac{2}{h} \{(1+h)^2 - 1^2\} \\
&= \lim_{h \to 0} \frac{2}{h} \{h^2 + 2h\} \\
&= \lim_{h \to 0} 2\{h + 2\} \\
&= 4
\end{aligned}$$

70 導 函 數

$$f'(x) = \lim_{h \to 0} \frac{f(x+h) - f(x)}{h}$$

導函數

將某函數 f(x) 在 x 處的導數表示為 x 的函數。

加深理解的圖示說明

導函數只是把導數變成了「函數」而已，把導數中 a 的位置變成 x。當 x = a 時，可以看到導函數就是導數。所以，這表示導函數可以對應函數 f(x) 的不同值！

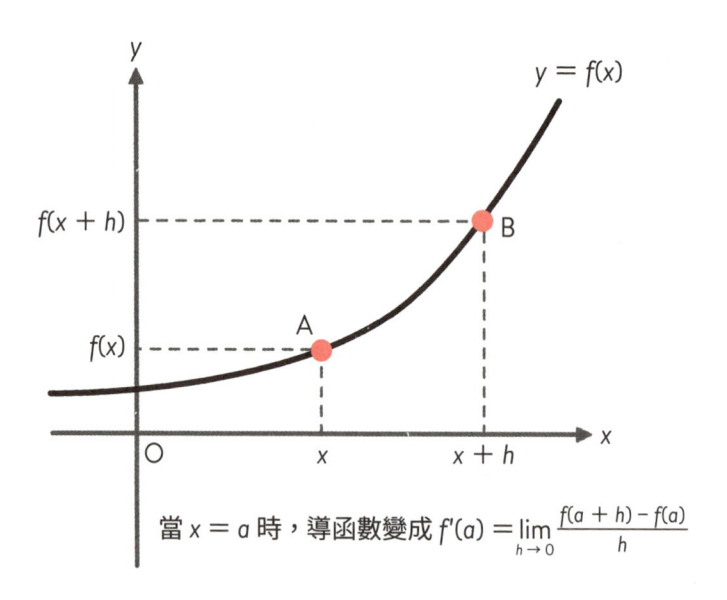

當 x = a 時，導函數變成 $f'(a) = \lim_{h \to 0} \frac{f(a+h) - f(a)}{h}$

$y = f(x)$ 的導函數可以寫成

$$y'、f'(x)、\frac{dy}{dx}、\frac{d}{dx}f(x)$$

順帶一提,求導數或導函數的過程就是微分。微分的意思是,在 x 發生極小變化時,確認 y 的變化情況,也就是通過查看函數某一點的斜率,研究函數在該點附近如何變化。

試試看!

◎依據定義公式,求函數 $f(x) = x^2$ 的導函數。

$$\begin{aligned}
f'(x) &= \lim_{h \to 0} \frac{f(x+h)-f(x)}{h} \\
&= \lim_{h \to 0} \frac{(x+h)^2-x^2}{h} \\
&= \lim_{h \to 0} \frac{x^2+2xh+h^2-x^2}{h} \\
&= \lim_{h \to 0} \frac{2xh+h^2}{h} \\
&= \lim_{h \to 0} (2x+h) \\
&= 2x
\end{aligned}$$

順帶一提,不用這個定義公式也可以求得答案,
當 $f(x) = x^n$ 時,利用 $f'(x) = nx^{n-1}$ 的性質做微分即可。
這次的題目是 $f(x) = x^2$,$n = 2$,因此

$$f'(x) = 2x^{2-1} = 2x$$

71 函數積的微分

$$\{f(x)g(x)\}' = f'(x)g(x) + f(x)g'(x)$$

函數 $f(x)$ 與 $g(x)$ 的積，它的微分可以用上述公式表示。

加深理解的圖示說明

$$\{f(x)\,g(x)\}' = f'(x)\,g(x) + f(x)\,g'(x)$$

微分　原樣　　原樣　微分

讓我們證明上述公式。

$$\{f(x)g(x)\}' = \lim_{h \to 0} \frac{f(x+h)g(x+h) - f(x)g(x)}{h}$$

把 $f(x+h)g(x+h) - f(x)g(x)$ 加上 $f(x)g(x+h) - f(x)g(x+h)$，會得到

$$\lim_{h \to 0} \frac{f(x+h)g(x+h) - f(x)g(x)}{h}$$

$$= \lim_{h \to 0} \frac{f(x+h)g(x+h) - f(x)g(x) + f(x)g(x+h) - f(x)g(x+h)}{h}$$

$$= \lim_{h \to 0} \left\{ \frac{f(x+h) - f(x)}{h} g(x+h) + f(x) \frac{g(x+h) - g(x)}{h} \right\}$$

$$= f'(x)g(x) + f(x)g'(x)$$

這樣子就完成證明了。

雖然證明並不難，但記住「微分、原樣」加上「原樣、微分」的口訣比較容易運用。

🍎 試試看！

◎請對以下的函數做微分。

① $y = x(2x - 4)$

$$y' = \overset{\text{微分}}{x'}\overset{\text{原樣}}{(2x-4)} + \overset{\text{原樣}}{x}\overset{\text{微分}}{(2x-4)'}$$
$$= 1 \times (2x - 4) + x \times 2$$
$$= 2x - 4 + 2x$$
$$= 4x - 4$$

② $f(x) = x^2 \sin x$

$$f'(x) = \overset{\text{微分}}{(x^2)'}\overset{\text{原樣}}{\sin x} + \overset{\text{原樣}}{x^2}\overset{\text{微分}}{(\sin x)'} = 2x \sin x + x^2 \cos x$$

sin 函數微分會得到 cos 函數。

這裡為了讓您習慣函數的各種表示方法，有時用 y，有時用 $f(x)$，但意思都是一樣的。

72 函數商的微分

$$\left\{\frac{f(x)}{g(x)}\right\}' = \frac{f'(x)g(x) - f(x)g'(x)}{\{g(x)\}^2}$$

函數 $f(x)$ 與 $g(x)$ 的商，它的微分可以用上述公式表示。

加深理解的圖示說明

$$\left\{\frac{f(x)}{g(x)}\right\}' = \frac{f'(x)\,g(x) - f(x)\,g'(x)}{\{g(x)\}^2}$$

$$\left(\frac{🍎}{👝}\right)' = \frac{(🍎)'\,👝\ -\ 🍎\,(👝)'}{👝^2}$$

　　　　　　微分　原樣　　原樣　微分

　　　　　　　　　　　二次方

讓我們證明上述公式。

$$\left\{\frac{f(x)}{g(x)}\right\}' = \lim_{h \to 0} \frac{\frac{f(x+h)}{g(x+h)} - \frac{f(x)}{g(x)}}{h}$$

$$= \lim_{h \to 0} \frac{\frac{f(x+h)g(x) - f(x)g(x+h)}{g(x+h)g(x)}}{h}$$

$$= \lim_{h \to 0} \frac{f(x+h)g(x) - f(x)g(x+h)}{hg(x+h)g(x)}$$

在分子加上 $f(x)g(x) - f(x)g(x)$。

$$= \lim_{h \to 0} \frac{f(x+h)g(x) - f(x)g(x) - \{f(x)g(x+h) - f(x)g(x)\}}{hg(x+h)g(x)}$$

$$= \lim_{h \to 0} \frac{\frac{f(x+h) - f(x)}{h}g(x) - \left\{\frac{g(x+h) - g(x)}{h}\right\}f(x)}{g(x+h)g(x)}$$

$$= \frac{f'(x)g(x) - f(x)g'(x)}{\{g(x)\}^2}$$

試試看！

◎請將 $y = \dfrac{x^2 + 1}{x + 1}$ 微分。

$$y' = \frac{(x^2+1)'(x+1) - (x^2+1)(x+1)'}{(x+1)^2}$$

$$= \frac{2x(x+1) - (x^2+1)}{x^2 + 2x + 1}$$

$$= \frac{x^2 + 2x - 1}{x^2 + 2x + 1}$$

73 切線方程式

$$y - f(a) = f'(a)(x - a)$$

即通過點 $(a, f(a))$，斜率為 $f'(a)$ 的直線方程式。

加深理解的圖示說明

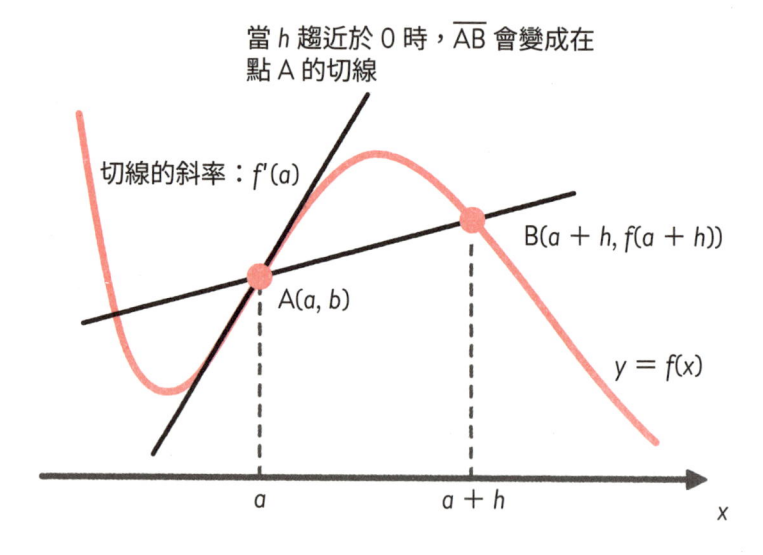

當 h 趨近於 0 時，$\overline{AB}$ 會變成在點 A 的切線

切線的斜率：$f'(a)$

$B(a + h, f(a + h))$

$A(a, b)$

$y = f(x)$

a　　$a + h$　　x

通過點 (a, b)，斜率 m 的直線方程式會是 $y - b = m(x - a)$。在說明切線方程式之前，請容我先解釋上面的式子。

直線的斜率為 m，y 軸的截距為 D 時，直線可以表示為

$$y = mx + D$$

此時將點 $A(a, b)$ 代入，得到

$$b = ma + D$$
$$D = b - ma$$

因此，

$$y = mx + (b - ma)$$

重新排列整理後，就成為

$$y - b = m(x - a)$$

接下來說明切線方程式，請一邊看著左圖一邊學習。
先前已經介紹過，微分是指函數在某一點的切線斜率。
因此，在點 $A(a, b)$ 的切線斜率是 $f'(a)$。
換句話說，$m = f'(a)$。
所以下列式子成立：

$$y - b = f'(a)(x - a)$$

如果用 $f(x)$ 來表示點 b，可以得到 $b = f(a)$，切線方程式就寫成：

$$y - f(a) = f'(a)(x - a)$$

74 積 分

當對函數 $f(x)$ 的 x 進行積分時,可以用下列公式表示。

$$\int f(x)dx$$

加深理解的圖示說明

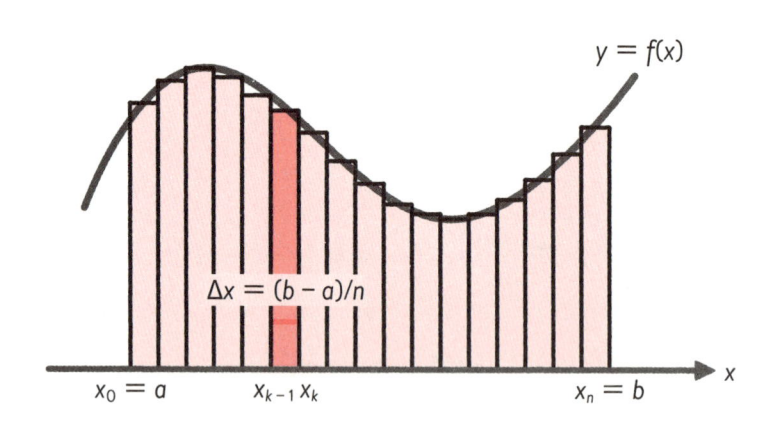

$$\Delta x = (b-a)/n$$

$x_0 = a$　　$x_{k-1}\ x_k$　　$x_n = b$

$$\lim_{n \to \infty} \sum_{k=1}^{n} f(x_k) \Delta x = \int_a^b f(x)dx$$

n 個長方形面積的和

在 $f(x) \geqq 0$ 時,積分表示「$y = f(x)$ 與 x 軸所夾的面積」。

先前說明過，微分是確認極小的變化，而積分可以理解為將極細的長方形累加，**然後求面積**。把積分記成求面積比較容易理解。

在 $\int_a^b$ 中，拉長的 S 符號稱為積分符號。
上下的 a 和 b 表示下限和上限，意思是「求函數 $f(x)$ 從 a 到 b 與 x 軸所夾的面積」。

所謂的「將極細的長方形累加」，可以用左圖來理解。

想像有一些長是 $f(x_k)$，寬是 $\Delta x = (b-a)/n$ 的長方形，把這些長方形以達到極限的方式變細（利用增加 n 的值），再將這些長方形累加，然後求出面積。

75 不定積分

$$\int f(x)dx = F(x) + C$$

其中 $F'(x) = f(x)$，C 為積分常數。

$$\int x^n dx = \frac{1}{n+1}x^{n+1} + C$$

如果函數 $F(x)$ 微分後可以得到 $f(x)$，則把 $F(x)$ 稱為 $f(x)$ 的不定積分或原函數。

加深理解的圖示說明

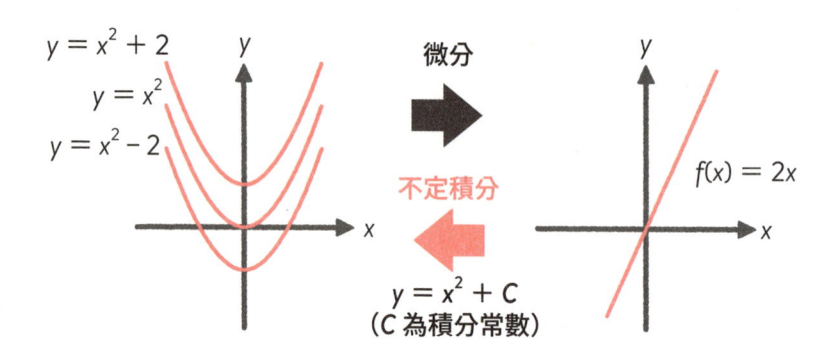

$y = x^2 + 2$
$y = x^2$
$y = x^2 - 2$

微分 → $f(x) = 2x$

不定積分 ← $y = x^2 + C$（C 為積分常數）

把不定積分視為沒有 a 和 b 的 $\int$，理解起來會更容易。也就是說，因為不知道積分的範圍，所以稱為「不定積分」。比起記公式，做練習題會更快理解，一起來試試看！做法是逆向進行微分，然後加上積分常數 C。

🍎 **試試看!**

◎試求出 $\int 5x^2 dx$。

$= 5 \times \dfrac{1}{2+1} x^{2+1} + C$

$= \dfrac{5}{3} x^3 + C$（C：積分常數）

> 微分是減
> 而積分是加!

🍎 **小知識**

您是否想過,積分常數 C 是什麼意思呢?它取自常數的英文 constant 的第一個字母。前面說明過,積分是微分的逆向運算,一旦把經由積分所得到的結果進行微分,就會回到積分符號內的原始式子。請看下列的式子:

$$\dfrac{5}{3} x^3$$

將這個式子微分後,會得到 $5x^2$:

$$\left(\dfrac{5}{3} x^3\right)' = \dfrac{5}{3} \times 3x^{3-1} = 5x^2$$

與此同時,也試著微分下列兩個式子:

$$\dfrac{5}{3} x^3 - 1$$

$$\dfrac{5}{3} x^3 + 2$$

這兩個式子微分後,也一樣會得到 $5x^2$。

像這樣,$\dfrac{5}{3} x^3$ 無論加上任何數字,微分的結果都是 $5x^2$,由於數字有無限的可能,統一用積分常數 C 來代表。

順帶一提,常數的意思是「固定的數」,它不像 x 會變動,在概念上可以看成一個數字。

76 定積分

$$\int_a^b f(x)dx = F(x)\Big|_a^b = F(b) - F(a)$$

將函數 $f(x)$ 的不定積分表示為 $F(x)$。

加深理解的圖示說明

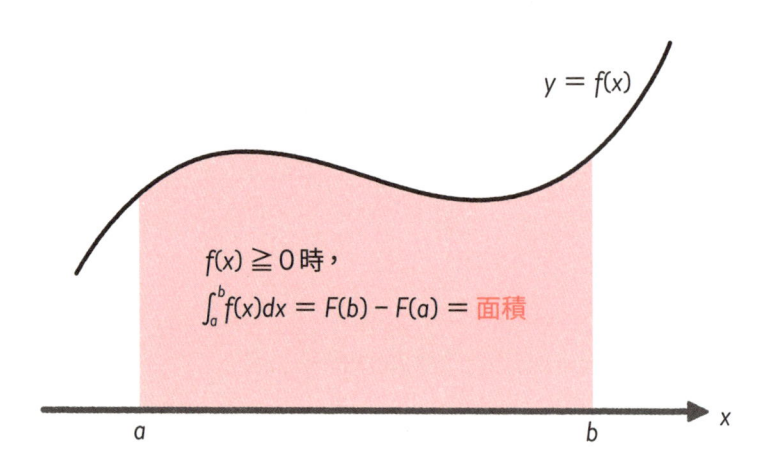

$y = f(x)$

$f(x) \geq 0$ 時，
$\int_a^b f(x)dx = F(b) - F(a) =$ 面積

這個公式之所以變成減法，是因為 $F(b)$ 是求到點 b 的面積，而 $F(a)$ 是求到點 a 的面積，如果想求 a 到 b 之間的面積，就必須採用減法。

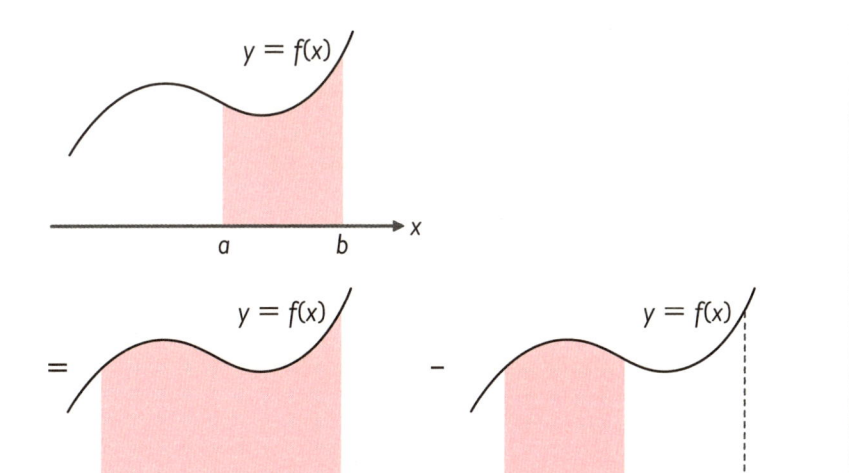

試試看！

◎試求以下的定積分。

① $\int_1^5 2x\,dx$

$= x^2 \Big|_1^5 = 5^2 - 1^2 = 24$

② $\int_1^3 3x^2\,dx$

$= x^3 \Big|_1^3 = 3^3 - 1^3 = 26$

77　定積分的規定與性質

規定：

$$\int_a^a f(x)dx = 0$$

$$\int_b^a f(x)dx = -\int_a^b f(x)dx$$

性質：

$$\int_a^b f(x)dx = \int_a^c f(x)dx + \int_c^b f(x)dx$$

加深理解的圖示說明①

因為沒有面積 $\int_a^a f(x)dx$ 是 0

$$\int_a^a f(x)dx = 0$$

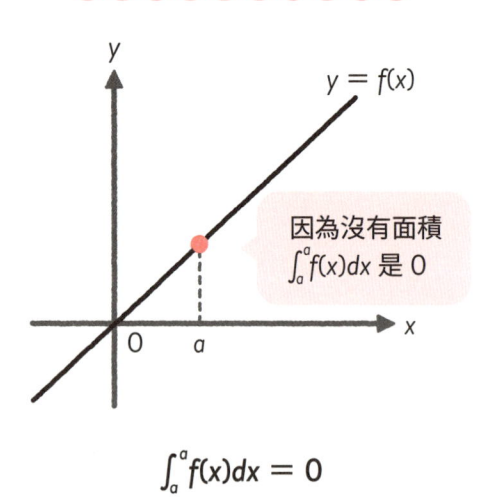

看上圖就很容易理解。因為沒有積分的範圍，所以面積只能為 0。

加深理解的圖示說明②

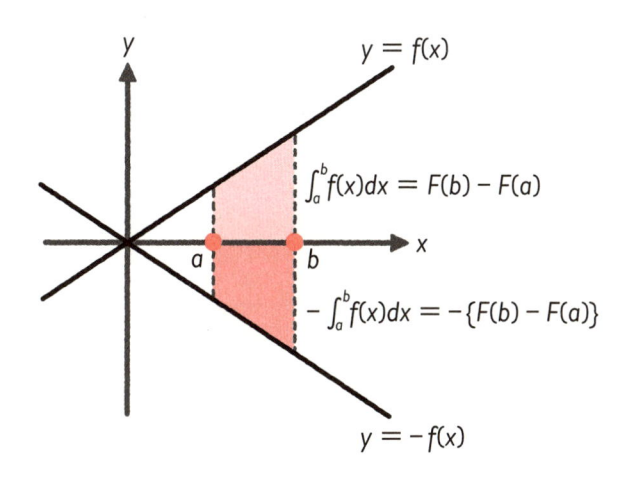

$$\int_b^a f(x)dx$$
$$= F(a) - F(b)$$
$$= -\{F(b) - F(a)\}$$
$$= -\int_a^b f(x)dx$$

在 x 軸上方的定積分,是正的面積;在 x 軸下方的定積分,是負的面積。

由圖可知,當定積分的上下限對調時,得出的結果會相差一個負號。

77 定積分的規定與性質

加深理解的圖示說明 ③

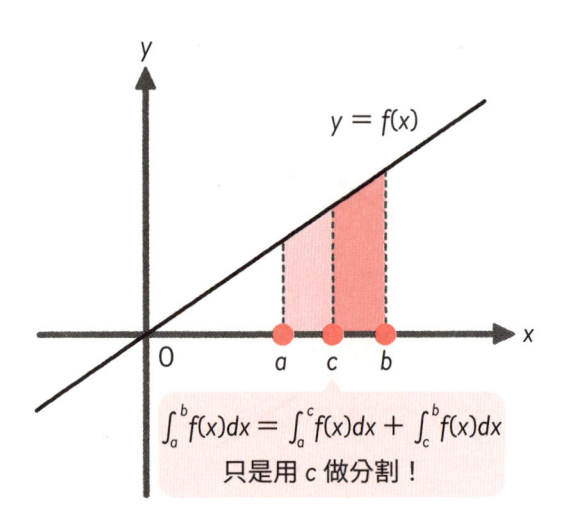

$$\int_a^b f(x)dx = \int_a^c f(x)dx + \int_c^b f(x)dx$$
只是用 c 做分割！

$$\int_a^b f(x)dx = \int_a^c f(x)dx + \int_c^b f(x)dx$$

利用這張圖就很容易理解。

在中間加入 c，分成兩個部分再來求面積。

78　兩條曲線包圍的面積

若積分區間 $a \leqq x \leqq b$ 之內，總是存在 $f(x) \geqq g(x)$，
那麼由兩條曲線 $f(x)$、$g(x)$，和兩條直線 $x = a$、$x = b$ 所包圍的面積 S，可以用下列公式表示。

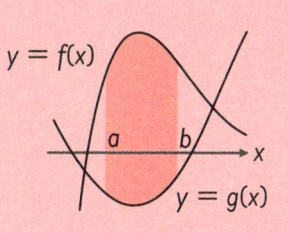

$$S = \int_a^b \{f(x) - g(x)\}dx$$

加深理解的圖示說明

請記得：在 x 軸上方的面積為正值，下方的面積為負值。

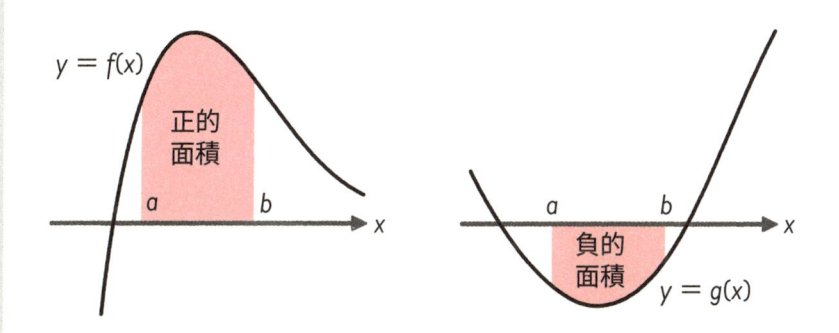

公式就是把這兩個部分加在一起。

CHAPTER **6** 微分與積分　131

79　$\frac{1}{6}$ 公式

拋物線 $y = x^2 + bx + c$ 和直線 $y = mx + n$ 相交於兩點，兩點的 x 坐標分別為 α 與 β 時（α < β），這個拋物線和直線所圍起來的面積 S，可以用下列公式表示。

$$-\int_{\alpha}^{\beta}(x-\alpha)(x-\beta)dx = \frac{1}{6}(\beta-\alpha)^3$$

加深理解的圖示說明

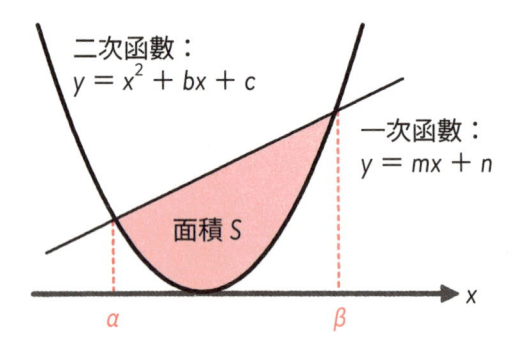

二次函數：
$y = x^2 + bx + c$

一次函數：
$y = mx + n$

面積 S

α　β

用積分求面積時，經常出現圖中的形式，建議記住公式，能快速求出結果。

🍎 **試試看！**

◎求由 $y = x^2$ 和 $y = x + 12$ 所圍起來的面積 S。

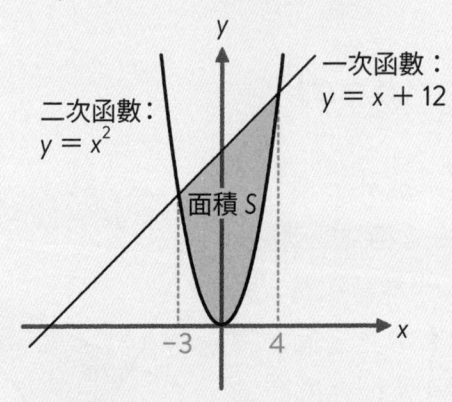

一次函數：$y = x + 12$

二次函數：$y = x^2$

面積 S

−3　4

先找出兩個函數的交點

$$\begin{cases} y = x^2 \\ y = x + 12 \end{cases}$$

上式代入下式，得 $x^2 = x + 12$，$x^2 - x - 12 = 0$

整理後得 $(x + 3)(x - 4)$，$x = -3, 4$

所求面積 S 是：

$S = \int_{-3}^{4} \{(x + 12) - x^2\} dx$

$= \int_{-3}^{4} \{-x^2 + x + 12\} dx$

$= -\int_{-3}^{4} \{x^2 - x - 12\} dx$

$= -\int_{-3}^{4} (x + 3)(x - 4) dx$

$= -\int_{-3}^{4} \{x - (-3)\}(x - 4) dx$

$= \frac{1}{6}\{4-(-3)\}^3$

$= \frac{7^3}{6}$

$= \frac{343}{6}$

CHAPTER **6** 微分與積分　133

80 需要記住的面積公式

• **面積公式**

$$S = \frac{|a|}{6}(\beta - \alpha)^3$$

$y = ax^2 + bx + c$ 和 $y = mx + n$ 相交於兩點，兩點的 x 坐標分別為 α 與 β 時（$\alpha < \beta$），這個拋物線和直線圍起來的面積 S，可以用上述公式表示。

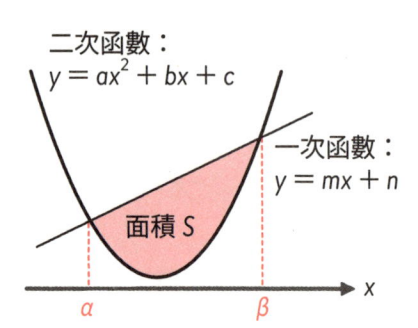

二次函數：
$y = ax^2 + bx + c$

一次函數：
$y = mx + n$

$$S = \frac{|a|}{12}(\beta - \alpha)^4$$

$y = ax^3 + bx^2 + cx + d$ 和它的切線 $y = mx + n$ 在 $x = \alpha$ 相切，同時在 $x = \beta$ 相交時，這個三次函數和切線圍起來的面積 S，可以用上述公式表示。

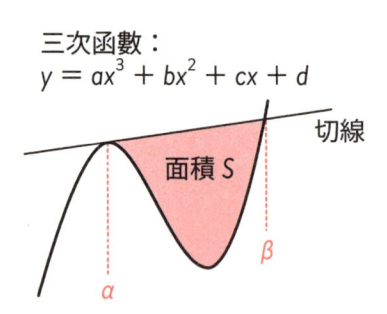

三次函數：
$y = ax^3 + bx^2 + cx + d$

切線

CHAPTER 7

排列組合與機率

集合與元素

所謂的「集合」，是由明確的物件所組成。
而這個集合中包含的每一個對象，稱作「元素」。
當 a 是集合 A 的元素時，稱作「a 屬於集合 A」，以下列符號表示。

$$a \in A$$

當集合 A 包含在集合 B 之中時，稱作「A 為 B 的子集合」，以下列符號表示。

$$A \subset B$$

加深理解的圖示說明

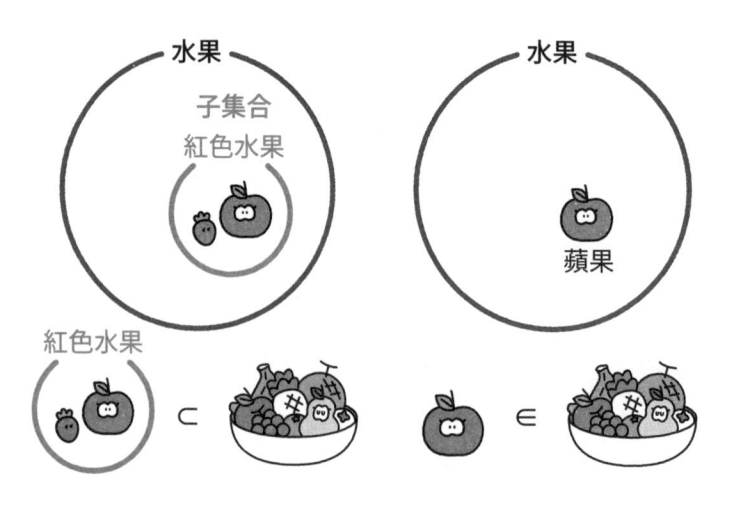

讓我們用水果來思考「集合」和「元素」。

在左頁的圖中，水果是集合，蘋果、葡萄、哈密瓜等每一個項目就是元素。

至於∈或⊂這兩種符號，只要記得大開口的方向對應大集合就可以了。

如果改用 $A = \{1,2,3,4\}$、$B = \{2,3\}$ 來思考。

這個時候，可以用 $1 \in A$ 或 $B \subset A$ 表示。

另外，如果 a 不是集合 A 的元素，則用 $a \notin A$ 表示。

🍎 **試試看！**

◎數字 21 所有正因數的集合為 A 時，請回答以下條件是否成立。

① $2 \in A$

② $7 \in A$

③ $21 \in A$

④ $5 \notin A$

因為集合 A 的元素是 $A = \{1,3,7,21\}$，所以
①不成立
②成立
③成立
④成立

CHAPTER **7** 排列組合與機率　　137

82 聯集與交集

$$A \cup B$$

至少屬於集合 A 或 B 其中之一的所有元素的集合,稱為 A 和 B 的聯集,以 A∪B 表示。(∪讀作聯集。)

$$A \cap B$$

同時屬於集合 A 和 B 的共同元素的集合,稱為 A 和 B 的交集,以 A∩B 表示。(∩讀作交集。)

加深理解的圖示說明

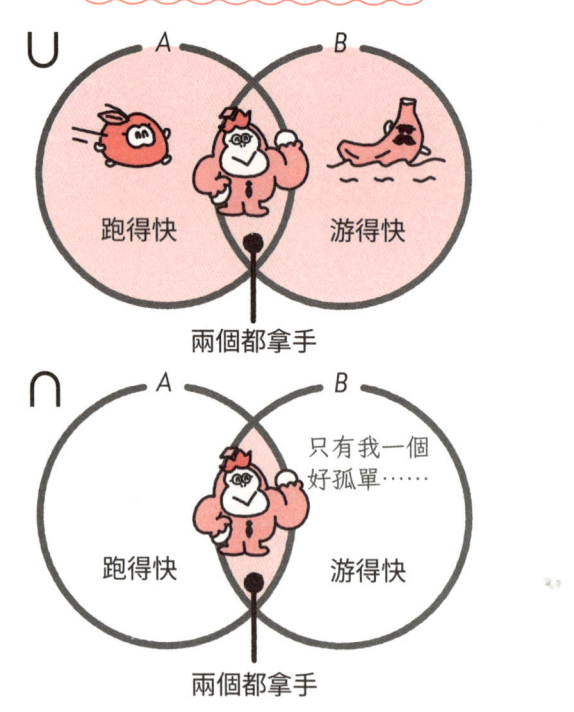

∪

A 跑得快
B 游得快
兩個都拿手

∩

A 跑得快
B 游得快
只有我一個好孤單……
兩個都拿手

可以用「水會積在哪裡？」的概念來記憶。
從上面倒水至∪中，由於∪的形狀像杯子，所以能裝很多水。因此能記住聯集是有很多元素的集合。
從上面倒水至∩中，由於∩的形狀水無法倒入，所以是元素不多的概念。因此能記住交集是共同元素的集合。

🍎 試試看！

◎當 $A = \{1,2,3,4\}$、$B = \{2,3,5,6\}$ 時，求 $A \cup B$ 和 $A \cap B$。

$A = \{1,2,3,4\}$、$B = \{2,3,5,6\}$，
所以至少屬於一個集合的數字是 1,2,3,4,5,6，為聯集。
交集是 2,3，為共同的元素。
因此 $A \cup B = \{1,2,3,4,5,6\}$
$A \cap B = \{2,3\}$

◎當 $A = \{2,4,6,8\}$、$B = \{1,3,5,7,8\}$ 時，求 $A \cup B$ 和 $A \cap B$。

至少屬於一個集合的數字是 1,2,3,4,5,6,7,8
交集只有 8
因此 $A \cup B = \{1,2,3,4,5,6,7,8\}$
$A \cap B = \{8\}$

🍎 小知識

宇集是包含所有集合的集合。
在宇集 U 中，屬於 U 但不屬於子集合 A 的所有元素的集合，稱為補集，以 A' 表示。（A' 讀作「A prime」。）

83 排列

排列是指，將物件依照順序排成一列。
從不同的 n 個物件中取出 r 個排成一列時，排列方式的總數可以用 P^n_r 來表示。

$$P^n_r = n(n-1)(n-2)\cdots(n-r+1)$$

加深理解的圖示說明

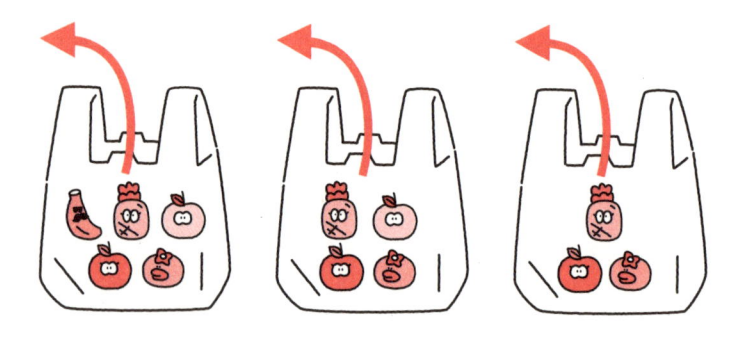

因為把物件排列順序，所以 ABC 和 BCA 會視為不同的排列。
讓我們用「從 5 個取 3 個」的排列來思考：
剛開始取法有 5 種，接下來的取法有 4 種（扣掉剛開始已經取走的 1 個），再接下來的取法有 3 種，依此類推遞減下去。
因此排列方式的總數可以用下式求出：

$$P^5_3 = 5 \times 4 \times 3 = 60$$

84 階乘

將自然數由 n 到 1 依序相乘所得到整數的積稱為階乘。

$$P_n^n = n(n-1)(n-2)\cdots 3\cdot 2\cdot 1 = n!$$

加深理解的圖示說明

$$P_n^n = n!$$

階乘與「從 n 個取 n 個」的排列方式總數相同，是由 n 到 1 的連續乘法。

階乘的運算使用新的符號「!」表示。

當有 n 個不同的物件排成一列時，可以用階乘求出排列方式的總數。

試試看！

◎當 7 個人排成一列，求排列方式有多少種。

$P_7^7 = 7! = 7\times 6\times 5\times 4\times 3\times 2\times 1 = 5040$

共有 5040 種排列方式。

85 環狀排列

將不同的 n 個物件做環狀排列,排列方式的總數可以用下列公式表示。環狀排列是指,將人或物以圓形的方式來排列。

$$\frac{P_n^n}{n} = (n-1)!$$

加深理解的圖示說明

在環狀排列中,當隨意旋轉後有一樣的排列時,會看成是相同的排列。因為排列是將所有的物件排成一列來看,所以當一列成為一個圓時,計算排列方式的總數需要使用一些技巧。

這個技巧是「把其中一個固定」。

如圖所示,先固定其中一人,把其餘四人看成交替排列,也就是從四個人中選四個人來交替排列,得到 $P_4^4 = 4!$。

由於這原本是 5 個人的情況，所以可寫成 (5－1)!。
因此，公式的意思是扣掉固定的一人份，剩餘的其他人交替排列！

小知識

和環狀排列類似的案例，還有珠狀排列：
將不同的物件做環狀排列，若翻轉後有一樣的排列時，稱為珠狀排列。
由於珠狀排列在翻轉後視為相同的排列，所以當 $n > 2$ 時，需要把排列方式的總數再除以 2。

試試看！

◎有 5 個男生和 2 個女生，當這 7 人圍圓桌而坐時，試求有多少種坐法。

將 7 人中的其中 1 人固定，以其餘 6 人交替排列的方式來計算。
因此坐法共有 6! = 720 種。

◎有 4 個男生和 2 個女生，當這 6 人圍圓桌而坐時，試求女生面對面坐的方式有多少種。

當一位女生是 a，另一位是 b 時，先固定 a 的位置，b 的位置便會自動確定。
這個時候，只需看成是其餘 4 人交替排列，排法就會是 4! 種。
因此坐法共有 4! = 24 種。

86　重複排列

從 n 種物品中取出 r 個（每種物品至少有 r 個），物品可以重複出現的排列法總數，可以用下列公式表示。

$$n^r$$

加深理解的圖示說明

三種水果容許重複放入

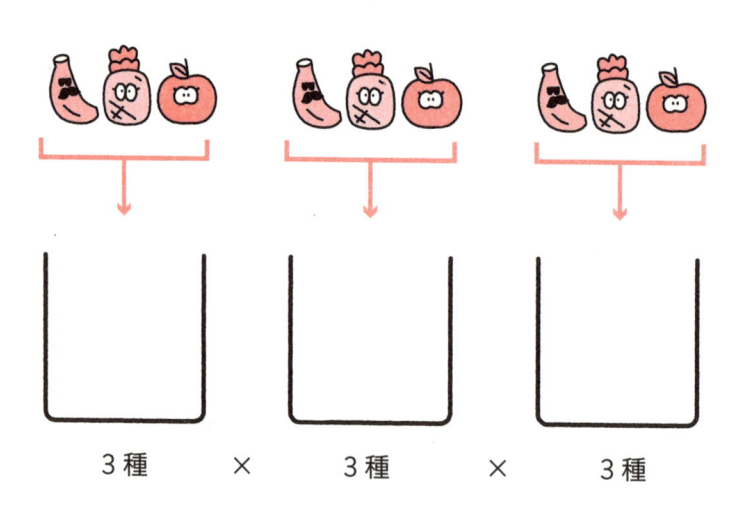

3 種　×　3 種　×　3 種

排列和重複排列最大的不同在於「是否容許重複」。

排列是在 n 個中選出不同的 r 個，而重複排列是可以重複選出 r 個。

也就是說，同樣的物件可以使用很多次。

之前的排列不可以使用同樣的物件，所以公式中的數字會依序減 1：

$$P_r^n = n(n-1)(n-2)\cdots(n-r+1)$$

而到了重複排列，計算排列方式總數時就不用依序減 1：

$$n \times n \times n \times \cdots$$

所以從 n 個中取出 r 個時，只需要重複進行 r 次，即 n^r。

試試看！

◎投擲大中小三個骰子，投出的結果有多少種。

$6^3 = 216$
因此有 216 種。

◎三個數字 1、2、3 在容許重複的狀況下排列時，可以排出多少種三位數。

因為三個數字容許重複，得出
3（百位數）× 3（十位數）× 3（個位數）= 27
可以排出 27 種數字。

87 組 合 數

從不同的 n 個中選出不同的 r 個時，組合的數量可以用 C_r^n 表示。

$$C_r^n = \frac{P_r^n}{r!} = \frac{n(n-1)(n-2)\cdots(n-r+1)}{r(r-1)\cdots 3\cdot 2\cdot 1}$$

$$C_r^n = \frac{n!}{r!(n-r)!}$$

加深理解的圖示說明

從 4 個中選 2 個 ➡ C_2^4

組合是在不重複的狀況下，從數個元素的集合中選出數個元素的方法。與排列不同的地方在於，不需要考慮順序。

也就是說，會將 XYZ、XZY、YXZ、YZX、ZXY、ZYX 等排列，都看成一樣的組合方式。（不管排列的順序，只看成一種組合。）

只需要從 n 個中取出 r 個，不需要考慮排列順序。
用這個方式來思考就可以理解公式。

$$C_r^n = \frac{P_r^n}{r!}$$

就公式來看，是將 P_r^n 除以 $r!$。透過除以 $r!$，消除因排列順序不同所造成的重複計算。

🍎 試試看！

◎試求從 5 個男生中選 2 個的方法有多少種。

$$C_2^5 = \frac{P_2^5}{2!} = \frac{5 \cdot 4}{2 \cdot 1} = 10$$

因為只有選但不排列順序，組合的方式共有 10 種。

88　二項式定理

$$(a+b)^n = C_0^n a^n b^0 + C_1^n a^{n-1} b^1 + C_2^n a^{n-2} b^2 + \cdots + C_r^n a^{n-r} b^r + \cdots + C_n^n a^0 b^n$$

加深理解的圖示說明

$n = 2$ 時

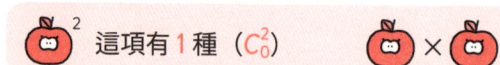

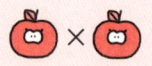

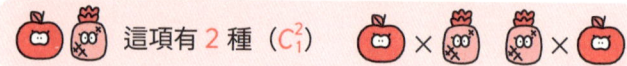

(🍎 + 🍍)²

🍎² 這項有 1 種（C_0^2）　　🍎 × 🍎

+

🍎🍍 這項有 2 種（C_1^2）　　🍎 × 🍍　🍍 × 🍎

+

🍍² 這項有 1 種（C_2^2）　　🍍 × 🍍

= 🍎² + 2 🍎🍍 + 🍍²

$$(a+b)^2 = (a+b)(a+b)$$

公式展開後會得到下列各項。

$$a^2, 2ab, b^2$$

讓我們來思考一下它們如何組成。首先，把 $(a+b)$ 看成一個裝有一個 a 和一個 b 的箱子。
然後，記錄從箱子中取出多少個 b。

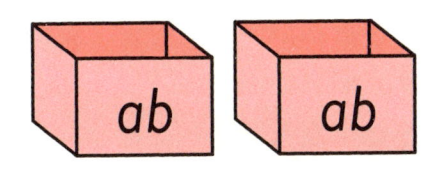

a^2 是從兩個箱子中不取出 b，也就是取出 0 個，所以係數是 C_0^2。
ab 是從兩個箱子取出 1 個 b 所組成，所以係數是 C_1^2。
（取出 1 個 b 後，剩下的就是 a。）
b^2 是從兩個箱子中取出 2 個 b 所組成，所以係數是 C_2^2。

您能依據這些說明，理解下面的公式嗎？

$$(a+b)^2 = (a+b)(a+b)$$
$$= C_0^2 a^2 + C_1^2 ab + C_2^2 b^2$$
$$= a^2 + 2ab + b^2$$

將這個概念應用在二項式定理，箱子的數量就是 n。
順帶一提，無論是「取出多少個 b 來組合」或是「取出多少個 a 來組合」，都會得到一樣的結果，這是組合的特性。

機率

◎在有限樣本空間 U 中,對於事件 A,用 n(A) 來表示 A 的元素個數,樣本空間 U 的元素個數則用 n(U) 來表示。

◎在有限樣本空間 U 中,如果事件 A 只包含一個元素,則稱 A 為簡單事件。如果簡單事件發生的機率相同,則這些事件稱為「等可能事件」。

◎在一次試驗中,事件 A 發生的期望比例稱為「事件 A 發生的機率 P(A)」。在簡單事件都是等可能事件的試驗中,事件 A 發生的機率可以用下列公式表示。

$$P(A) = \frac{\text{事件}A\text{發生的情況數量}}{\text{所有可能發生的情況數量}} = \frac{n(A)}{n(U)}$$

加深理解的圖示說明

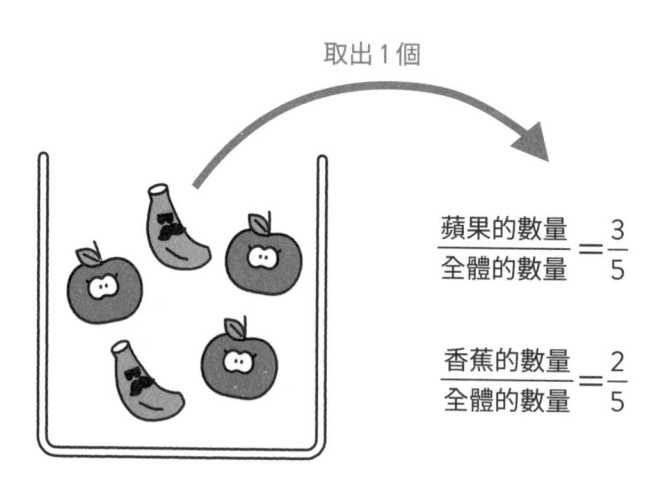

取出 1 個

$$\frac{\text{蘋果的數量}}{\text{全體的數量}} = \frac{3}{5}$$

$$\frac{\text{香蕉的數量}}{\text{全體的數量}} = \frac{2}{5}$$

機率的英文是 probability，所以使用第一個字母 P。

箱子內裝有 3 顆蘋果和 2 根香蕉。從這些水果中取出 1 個時，取出蘋果的機率有多少呢（假設每種水果被取出的機率相同）？

水果的數量一共有 5 個。因為蘋果的數量是 3 顆，答案如圖所示是 $\frac{3}{5}$。

接下來以骰子為例，進一步加深理解。
擲一次骰子出現 3 的機率是多少呢？
因為六面骰的點數為 1 到 6，可能的情況一共有 6 種（全體的數量），而出現 3 的情況是 1 種，所以答案是 $\frac{1}{6}$。

機率就是：所求的特定事件占全體的比例。

試試看！

◎一個袋子有 3 個紅球、3 個白球、3 個藍球。
從這個袋子中取出 1 個球時，取出紅球的機率是多少？

球的數量一共有 9 個。
紅球的個數是 3 個。

因此所求的機率是 $\frac{3}{9} = \frac{1}{3}$。

90 機率的和事件

兩個事件 A 和 B 彼此為互斥事件時，

$$P(A \cup B) = P(A) + P(B)$$

兩個事件 A 和 B 不是互斥事件的情況時，

$$P(A \cup B) = P(A) + P(B) - P(A \cap B)$$

對於兩個事件 A 和 B，至少有一個發生或兩個都發生的事件稱為和事件。

加深理解的圖示說明

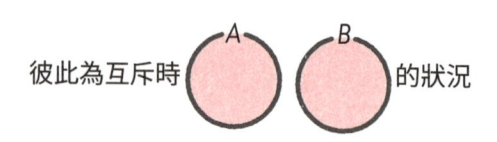

彼此為互斥時 ⓐ ⓑ 的狀況

A 或 B 的機率		A 的機率		B 的機率		A 且 B 的機率
$P(A \cup B)$	$=$	$P(A)$	$+$	$P(B)$	$-$	$P(A \cap B)$

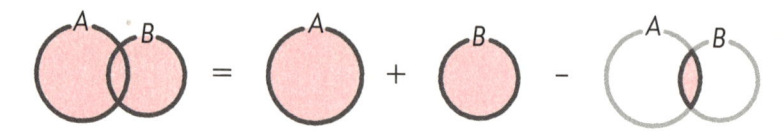

需要確認的是，事件有沒有重疊！

另外，我們把事件 A 不發生的事件稱為 A 的餘事件。

$$A\text{ 發生的機率} = 1 - A\text{ 不發生的機率}$$

如果事件有重疊，就要考慮減掉重疊的部分。

試試看！

◎投擲骰子時，求出現 2 點或 5 點的機率是多少。

出現 2 點的機率是 $P(A) = \frac{1}{6}$，

出現 5 點的機率是 $P(B) = \frac{1}{6}$，

所以

$$P(A \cup B) = \frac{1}{6} + \frac{1}{6} = \frac{1}{3}$$

◎投擲骰子時，出現偶數為事件 A，出現點數 3 以下為事件 B，求出現事件 A 或事件 B 的機率是多少。

$$A = \{2,4,6\} \quad B = \{1,2,3\}$$

$$P(A \cup B) = \frac{1}{2} + \frac{1}{2} - \frac{1}{6} = \frac{5}{6}$$

91　獨立事件的機率

所謂獨立事件，是指每個試驗的結果不會互相影響。若有兩個獨立試驗 S、T，而事件 C 是在 S 中發生事件 A 且在 T 中發生事件 B，則事件 C 的發生機率可以用下列公式表示。

$$P(C) = P(A)P(B)$$

加深理解的圖示說明

獨立＝「結果不會互相影響」

爭吵的勝負　　和　　骰子出現的點數

試試看！

◎如果硬幣的正反面和骰子出現的點數為獨立事件，求兩者同時投擲時，出現硬幣為反面和骰子點數為 3 的機率。

出現硬幣反面的機率是 $P(A) = \frac{1}{2}$，

骰子出現 3 點的機率是 $P(B) = \frac{1}{6}$，

因此所求 $P(C) = P(A)P(B) = \frac{1}{2} \times \frac{1}{6} = \frac{1}{12}$。

92　重複試驗的機率

將一次試驗中事件 A 發生的機率記為 p。當重複試驗 n 次且每次互相獨立時，事件 A 剛好出現 r 次的機率可以用下列公式表示。

$$C_r^n p^r (1-p)^{n-r}$$

加深理解的圖示說明

將一個骰子投擲三次時，剛好出現兩次 5 點的機率

第一次 5	第二次 5	第三次 5 以外
出現 5 的機率：$\frac{1}{6}$	出現 5 的機率：$\frac{1}{6}$	出現 5 的機率：$\frac{5}{6}$

交替排列的排列方式總數：$\frac{3!}{2!\,1!} = C_2^3$

$$C_2^3 \left(\frac{1}{6}\right)^2 \left(\frac{5}{6}\right)$$

這裡使用的思考方式跟二項式定理一樣。事件 A 在 n 次中發生 r 次，可以用 C_r^n 來思考，而事件 A 發生 r 次的機率是 p^r，沒發生的機率是 $(1-p)^{n-r}$。

重複試驗的機率

🍎 試試看！

◎將一個骰子投擲 5 次，求 2 點剛好出現 2 次的機率。

$$C_2^5 (\frac{1}{6})^2 (\frac{5}{6})^3 = 10 \times \frac{1}{36} \times \frac{125}{216} = \frac{1250}{7776} = \frac{625}{3888}$$

◎將硬幣投擲 10 次時，求正面只出現 1 次的機率。

$$C_1^{10} (\frac{1}{2})^1 (\frac{1}{2})^9 = 10 \times \frac{1}{1024} = \frac{5}{512}$$

◎將硬幣投擲 10 次，求正面只出現 2 次的機率。

$$C_2^{10} (\frac{1}{2})^2 (\frac{1}{2})^8 = \frac{10 \times 9}{2} \times \frac{1}{1024} = \frac{45}{1024}$$

93 條件機率

在事件 A 發生的情況下,事件 B 發生的機率稱為條件機率,用 $P(B|A)$ 來表示。

$$P(B|A) = \frac{n(A \cap B)}{n(A)}$$

加深理解的圖示說明

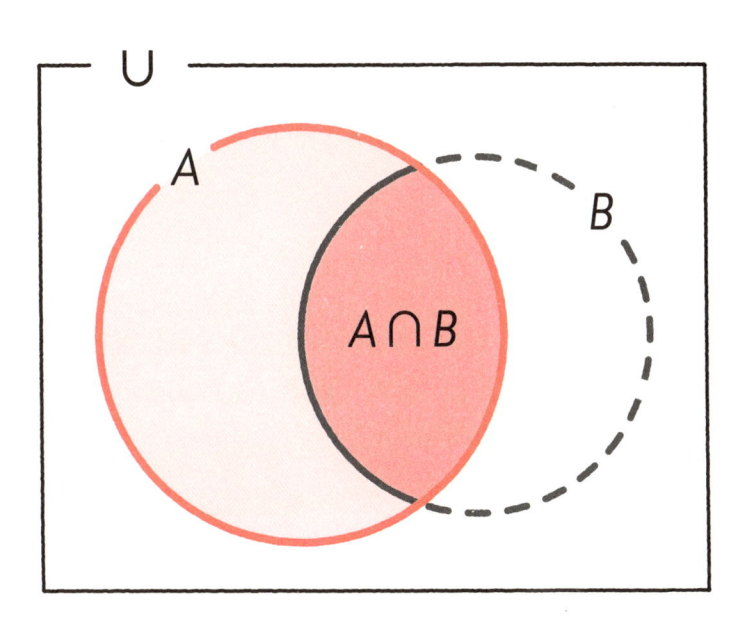

在事件 A 發生的情況下,事件 B 發生的機率

條件機率

條件機率是指，在某個事件發生的條件或前提下，其他事件發生的機率。

機率的基本思考方式是：

$$\frac{所求的特定事件}{全體的數量}$$

在條件機率中，由於全體是以某個條件下的機率來看，因此：

分母是 $n(A)$。
分子則是這個條件下的所求特定事件 $n(A \cap B)$。

試試看！

◎箱子中放入 6 個紅球、4 個白球，取出 1 個球後不放回箱子，接下來再取出 1 個時，求第一次取出是紅球，第二次取出也是紅球的機率。

當第一次取出紅球的事件為 A，第二次取出紅球的事件為 B 時，所求的機率可以用 $P(B|A)$ 表示。

第一次出現紅球，第二次箱子中會變成紅球有 5 個，白球有 4 個，因此得知 $P(B|A) = \frac{5}{9}$。

CHAPTER 8

數列

94 等差數列的一般項

排成一列的數字稱為數列。
數列的第一項稱為首項,第 n 項稱為一般項。
當首項是 a,公差是 d 時,等差數列的一般項可以用下列公式表示。

$$a_n = a + (n-1)d$$

加深理解的圖示說明

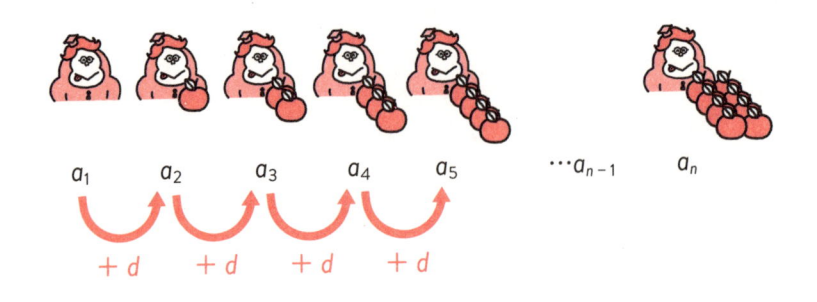

$a_1 \quad a_2 \quad a_3 \quad a_4 \quad a_5 \quad \cdots a_{n-1} \quad a_n$

$+d \quad +d \quad +d \quad +d$

在數列中,將各項加上一個固定的數來得到下一項,由於相鄰兩項的差都相等,因此稱為等差數列。相鄰兩項的差(加上多少可以得到下一項)稱為公差。

第 n 項可以看成,在首項加上 $(n-1)$ 次的 d。因為首項無需加上 d,所以加的次數要減 1,有這樣的概念就更容易理解公式。

> 試試看！

◎有一等差數列 1, 6, 11, 16, …，請回答下列問題。
① 求一般項。
② 求第 21 項的值。
③ 求 151 是第幾項。

① 求的是 a_n，依照首項是 1，公差是 5 的等差數列，
$a_n = 1 + 5(n - 1) = 5n - 4$

② 第 21 項可以在一般項公式中代入 $n = 21$，得到：
$a_{21} = 1 + 5(21 - 1) = 5 \times 21 - 4 = 101$

③ 求 151 是第幾項，意思是一般項 = 151。因此，
$5n - 4 = 151$
$n = 31$
所以，151 是第 31 項。

95　等比數列的一般項

當首項是 a，公比是 r 時，等比數列的一般項可以用下列公式表示。

$$a_n = ar^{n-1}$$

加深理解的圖示說明

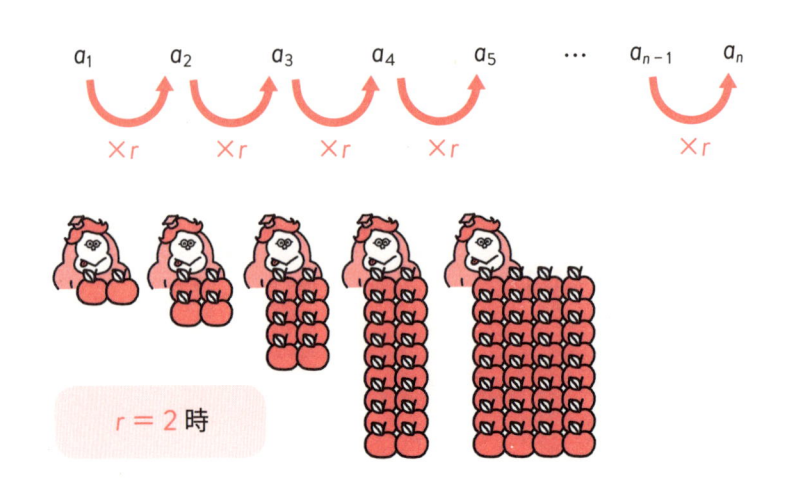

$a_1 \xrightarrow{\times r} a_2 \xrightarrow{\times r} a_3 \xrightarrow{\times r} a_4 \xrightarrow{\times r} a_5 \quad \cdots \quad a_{n-1} \xrightarrow{\times r} a_n$

$r = 2$ 時

在數列中，將各項乘以一個固定的數來得到下一項，由於相鄰兩項的比都相等，因此稱為等比數列。相鄰兩項的比（乘以多少可以得到下一項）稱為公比。

第 n 項可以看成，把首項乘以 $(n-1)$ 次的 r，因為首項無需乘以 r，所以乘的次數要減 1，有這樣的概念就更容易理解公式。

試試看！

◎有一等比數列 3, 6, 12, 24, 48, 96, …，請回答下列問題。
① 求一般項。
② 求第 11 項的值。
③ 求 384 是第幾項。

① 求的是 a_n，依照首項是 3，公比是 2 的等比數列，
$a_n = 3 \times 2^{n-1}$

② 第 11 項可以在一般項公式中代入 $n = 11$，得到：
$a_{11} = 3 \times 2^{11-1} = 3072$

③ 求 384 是第幾項，意思是一般項 = 384。因此，
$3 \times 2^{n-1} = 384$
$2^{n-1} = 128$
$n = 8$
所以，384 是第 8 項。

96　等差數列的和

當等差數列的首項是 a，公差是 d，末項是 a_n，項數是 n 時，從首項 a 加到第 n 項的和為 S_n，S_n 可以用下列公式表示。

$$S_n = \frac{1}{2}n(a + a_n)$$
$$= \frac{1}{2}n\{2a + (n-1)d\}$$

加深理解的圖示說明

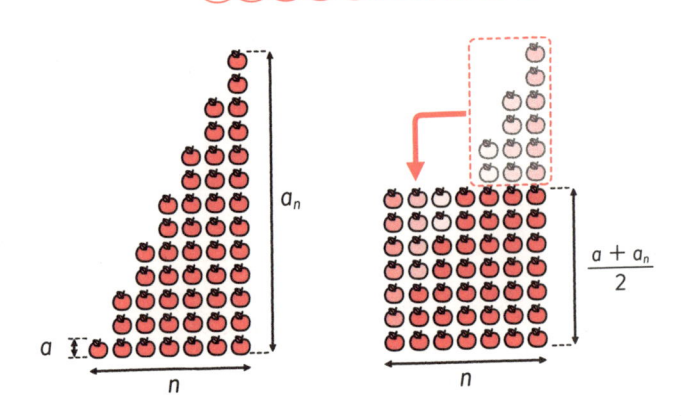

在左圖中，蘋果的總數是 S_n。

求 S_n 時，可以把蘋果的總數看成如右圖的長方形面積。

由圖可見長方形的長是 $\frac{a + a_n}{2}$。

同時，長方形的寬是 n，因此長方形的面積 S_n 會是

$$S_n = \frac{1}{2}n(a + a_n)$$

所以公式成立。

另外，公式的末項 l 是等差數列的第 n 項，把單元 92 說明過的公式 $a_n = a + (n-1)d$ 直接代入，可以得到

$$S_n = \frac{1}{2}n(a + a_n)$$
$$= \frac{1}{2}n\{a + a + (n-1)d\}$$
$$= \frac{1}{2}n\{2a + (n-1)d\}$$

試試看！

◎有一等差數列 1, 6, 11, 16, …，假設從首項到第 n 項的和是 S_n，求① S_{10} 和② S_{20} 的值。

①等差數列的首項是 1，公差是 5，一般項可以用
$a_n = 5n - 4$ 來表示。
所以，第 10 項的值是 $a_{10} = 50 - 4 = 46$
再依照等差數列求和公式得到

$$S_{10} = \frac{1}{2} \times 10(1 + 46) = 235$$

②第 20 項的值是 $a_{20} = 100 - 4 = 96$
再依照等差數列求和公式得到

$$S_{20} = \frac{1}{2} \times 20(1 + 96) = 970$$

97　等比數列的和

當等比數列的首項是 a，公比是 r，項數是 n，從首項 a 加到第 n 項的和是 S_n，則下列公式成立。

$r \neq 1$ 時，

$$S_n = \frac{a(1-r^n)}{1-r} = \frac{a(r^n-1)}{r-1}$$

$r = 1$ 時，

$$S_n = na$$

加深理解的圖示說明

$$\begin{aligned}
S_n &= a + ar + ar^2 + ar^3 + \cdots + ar^{n-1} \\
-)\ rS_n &= \phantom{a + {}} ar + ar^2 + ar^3 + \cdots + ar^{n-1} + ar^n
\end{aligned}$$

$$S_n - rS_n = a - ar^n$$

$$S_n = \frac{a(1-r^n)}{1-r} = \frac{a(r^n-1)}{r-1}$$

當分母變為 0 時，分數的值會發散成 ∞，因此 $r \neq 1$ 和 $r = 1$ 時，會分為兩種情況。

左頁圖示的詳細證明如下：

當 $r \neq 1$，

$S_n = a + ar + ar^2 + \cdots + ar^{n-2} + ar^{n-1}$

求解時，先將上述算式的兩邊都先乘以 r，得到

$rS_n = ar + ar^2 + ar^3 + \cdots + ar^{n-1} + ar^n$

然後把算式進行減法。

$$\begin{array}{r} S_n = a + \overline{ar + ar^2 + ar^3 + \cdots + ar^{n-2} + ar^{n-1}} \\ -)\ rS_n = \underline{ar + ar^2 + ar^3 + \cdots + ar^{n-2} + ar^{n-1}} + ar^n \end{array}$$

$$(1-r)S_n = a - ar^n$$

$$S_n = \frac{a - ar^n}{1-r}$$

$$= \frac{a(1-r^n)}{1-r}$$

然後，將分母及分子都加上負號，會得到另一種形式。

$$\frac{a(1-r^n)}{1-r}$$

$$= \frac{-a(-1+r^n)}{-(-1+r)}$$

$$= \frac{a(r^n-1)}{(r-1)}$$

當 $r = 1$，

$S_n = a + a + a + \cdots + a + a$

$= na$

CHAPTER **8** 數列　167

98 階差數列的一般項

如果數列 $\{a_n\}$ 的階差數列為 $\{b_n\}$。
階差數列 $\{b_n\}$ 的一般項可以用原本的數列表示。

$$b_n = a_{n+1} - a_n$$

$n \geq 2$ 時，數列 $\{a_n\}$ 的一般項可以用下列公式表示。

$$a_n = a_1 + \sum_{k=1}^{n-1} b_k$$

階差數列 取相鄰項的差所形成的數列。

加深理解的圖示說明

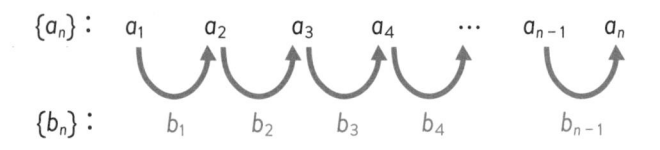

$\{a_n\}$: $a_1 \quad a_2 \quad a_3 \quad a_4 \quad \cdots \quad a_{n-1} \quad a_n$

$\{b_n\}$: $\quad b_1 \quad b_2 \quad b_3 \quad b_4 \quad\quad b_{n-1}$

如果想做出階差數列，原本的數列至少要有兩項以上，意思是 $n \geq 2$。
只要用階差數列的形成原理來思考，就能更容易理解公式。

當數列 $\{a_n\}$ 的階差數列為 $\{b_n\}$

右邊 a 的數字和 b 相對應

$$a_2 - a_1 = b_1$$
$$a_3 - a_2 = b_2$$
$$a_4 - a_3 = b_3$$
$$\vdots$$
$$a_n - a_{n-1} = b_{n-1}$$

要注意 b 只到 $n-1$ 項

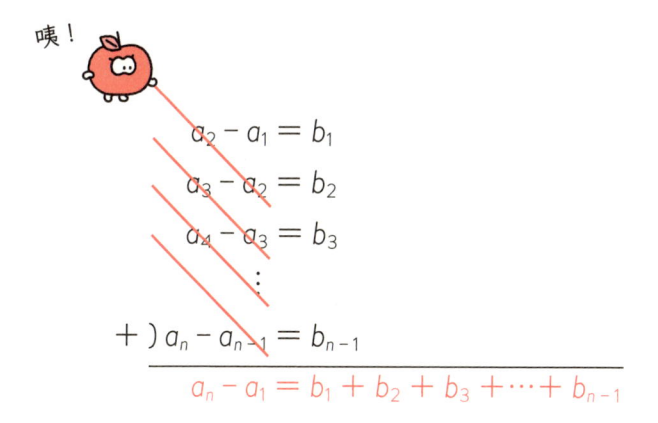

咦！

$$+)\begin{array}{c} a_2 - a_1 = b_1 \\ a_3 - a_2 = b_2 \\ a_4 - a_3 = b_3 \\ \vdots \\ a_n - a_{n-1} = b_{n-1} \end{array}$$
$$\overline{a_n - a_1 = b_1 + b_2 + b_3 + \cdots + b_{n-1}}$$

$$a_n - a_1 = \sum_{k=1}^{n-1} b_k$$

$$a_n = a_1 + \sum_{k=1}^{n-1} b_k$$

99　數列的和與一般項

當數列 $\{a_n\}$ 從首項加到第 n 項的和為 S_n 時，

$$a_1 = S_1$$

$n \geqq 2$ 時，

$$a_n = S_n - S_{n-1}$$

加深理解的圖示說明

$$\begin{aligned} S_n &= a_1 + a_2 + a_3 + \cdots + a_{n-1} + a_n \\ -)\ S_{n-1} &= a_1 + a_2 + a_3 + \cdots + a_{n-1} \\ \hline S_n - S_{n-1} &= a_n \quad (n \geqq 2) \end{aligned}$$

$$\begin{cases} S_n - S_{n-1} = a_n & (n \geqq 2) \\ S_1 = a_1 & (n = 1) \end{cases}$$

上面的圖示說明得很清楚。只要仔細想一下，就能知道這是理所當然的事。

首先，假設
$S_n = a_1 + a_2 + a_3 + \cdots + a_{n-1} + a_n$
因此當 $n = 1$ 時，S_n 只有首項，即
$S_1 = a_1$

接下來，假設
$S_n = a_1 + a_2 + a_3 + \cdots + a_{n-1} + a_n$
要從中找出 a_n。
在這裡可以列出 S_{n-1}，得到
$S_{n-1} = a_1 + a_2 + a_3 + \cdots + a_{n-1}$
把 S_n 減去 S_{n-1}，就會剩下 a_n，即
$S_n - S_{n-1} = a_n$

所以公式成立。

試試看！

◎從首項加到第 n 項的和 S_n 為 n^2 時，求數列 $\{a_n\}$ 的一般項。

因為 $a_1 = S_1$，所以 $a_1 = 1$
$n \geq 2$ 時，$S_n = n^2$，$S_{n-1} = (n-1)^2 = n^2 - 2n + 1$
$S_n - S_{n-1} = 2n - 1$
所以 $a_n = 2n - 1$
在 $n = 1$ 時，$a_1 = 1$ 也成立。
綜上所述，數列 $\{a_n\}$ 的一般項 $a_n = 2n - 1$。

100 和 的 公 式

$$\sum_{k=1}^{n} c = nc$$

$$\sum_{k=1}^{n} k = \frac{1}{2} n(n+1)$$

$$\sum_{k=1}^{n} k^2 = \frac{1}{6} n(n+1)(2n+1)$$

$$\sum_{k=1}^{n} k^3 = \left\{ \frac{1}{2} n(n+1) \right\}^2$$

$$\sum_{k=1}^{n} r^{k-1} = \frac{1-r^n}{1-r} \quad (r \neq 1)$$

加深理解的圖示說明

$$\sum_{k=1}^{n} 🍎 = 🍎 + 🍎 + 🍎 + \cdots + 🍎 = n\,🍎$$

CHAPTER 9

向量

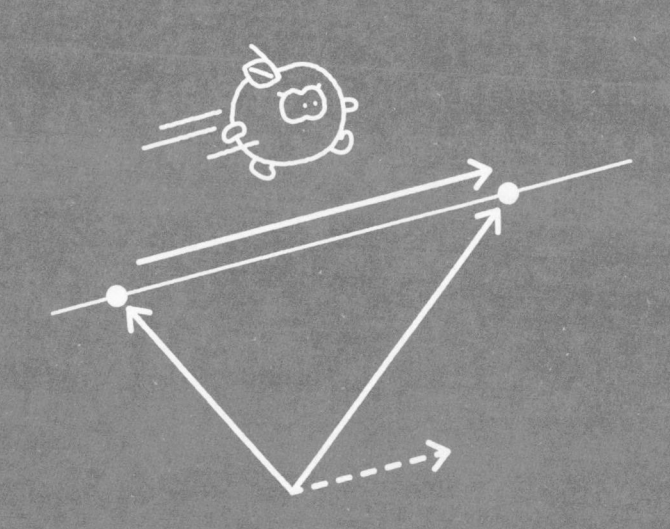

101　向量的分量與大小

向量同時包含了方向和大小。在作圖時，可以用箭頭表示向量的方向，長度表示向量的大小。

向量也可以寫成 $\vec{a} = (a_1, a_2)$ 的形式，此時

$$|\vec{a}| = \sqrt{a_1^2 + a_2^2}$$

若 $a_1 = 0$、$a_2 = 0$，稱為零向量，寫作 $\vec{0}$。

加深理解的圖示說明

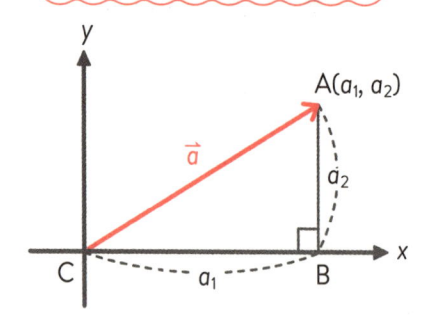

向量是指具有方向和大小的量。雖然寫成 $\vec{a} = (a_1, a_2)$ 的形式時具有方向，但仍然可以視為坐標上的點，因此可以用畢氏定理求出向量的大小。

$$\overline{CA}^2 = \overline{CB}^2 + \overline{BA}^2$$
$$|\vec{a}|^2 = a_1^2 + a_2^2$$
$$|\vec{a}| = \sqrt{a_1^2 + a_2^2}$$

| | 這個符號表示絕對值，用在向量時，可表示這個向量的大小。順帶一提，向量的大小稱為長度或範數。

相對於向量，只具有大小的量稱為純量。

102　$\overrightarrow{AB}$ 的分量與大小

如果有兩點 A(a_1, a_2) 和 B(b_1, b_2)，則 $\overrightarrow{AB} = \vec{B} - \vec{A}$，

$$\overrightarrow{AB} = (b_1 - a_1,\ b_2 - a_2)$$

$$|\overrightarrow{AB}| = \sqrt{(b_1 - a_1)^2 + (b_2 - a_2)^2}$$

加深理解的圖示說明

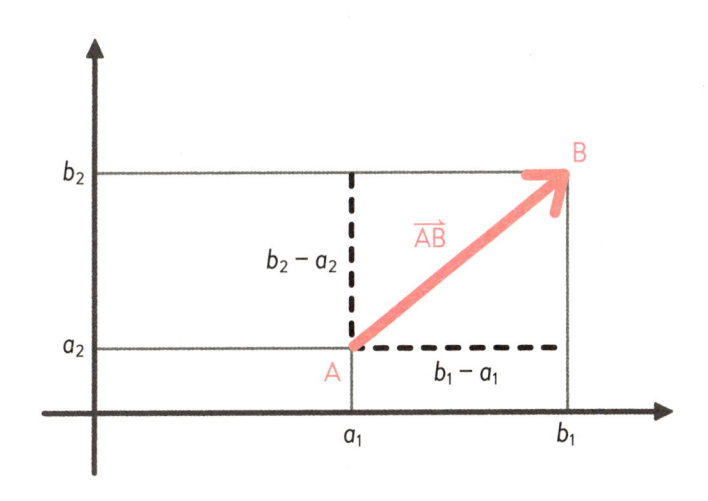

圖中的 A → B 符號表示從點 A 指向點 B 的向量，寫成 $\overrightarrow{AB}$。用圖形看時，可以看到 x 分量和 y 分量，再利用減法，就能求出 $\overrightarrow{AB}$ 的分量。

$$\overrightarrow{AB} = (b_1 - a_1,\ b_2 - a_2)$$

因此，可以用畢氏定理求出 $\overrightarrow{AB}$ 的大小。

$$|\overrightarrow{AB}| = \sqrt{(b_1 - a_1)^2 + (b_2 - a_2)^2}$$

103 以分量計算向量

$$(a_1, a_2) + (b_1, b_2) = (a_1+b_1, a_2+b_2)$$
$$k(a_1, a_2) = (ka_1, ka_2)$$

k 為實數。

加深理解的圖示說明

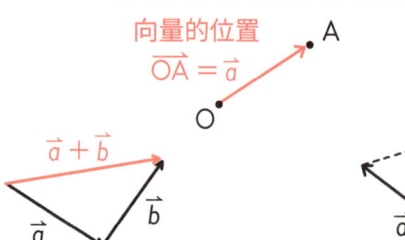

向量的位置 $\vec{OA} = \vec{a}$

三角形法：
將 $\vec{a}$ 的終點接上 $\vec{b}$ 的起點，再由 $\vec{a}$ 的起點連接至 $\vec{b}$ 的終點。

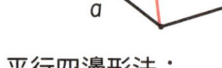

平行四邊形法：
連接 $\vec{a}$ 與 $\vec{b}$ 的起點，形成平行四邊形的鄰邊，再由起點連接至平行四邊形的對角。

兩個向量相加後會得到另一個向量。向量的加法可以用「三角形法」或「平行四邊形法」來理解，結果都相同。

向量可以任意平移，也可以用分量表示。

在分析向量圖形時，盡量以「這個圖形是由甲向量和乙向量組合而成」來理解，再找出規則。

試試看！

◎請將 $\vec{a} = (1,5)$ 和 $\vec{b} = (3, 3)$ 相加。

$\vec{a} + \vec{b} = (1 + 3, 5 + 3) = (4, 8)$

104　內積

當 $\vec{a} \neq \vec{0}$ 和 $\vec{b} \neq \vec{0}$，且兩向量的夾角以 θ 表示，則

$$\vec{a} \cdot \vec{b} = |\vec{a}||\vec{b}|\cos\theta$$

當 $\vec{a} = \vec{0}$ 或 $\vec{b} = \vec{0}$，依據定義 $\vec{a} \cdot \vec{b} = 0$。
另外，向量的內積具有下列性質：

$$\vec{a} \cdot \vec{a} = |\vec{a}|^2 \,,\, |\vec{a}| = \sqrt{\vec{a} \cdot \vec{a}}$$

加深理解的圖示說明

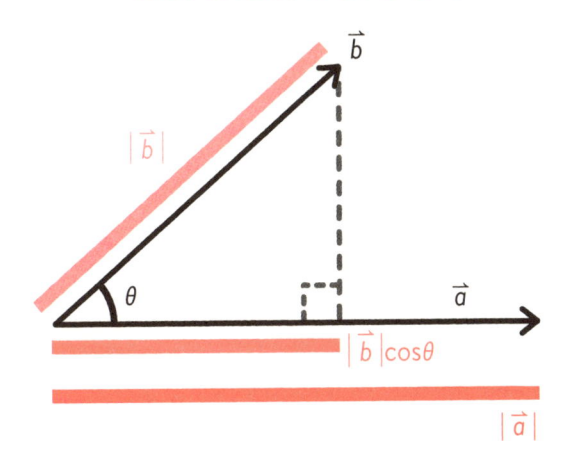

內積的概念如圖所示，可以把 $\vec{a} \cdot \vec{b}$ 看成兩個向量彼此調整為同一方向後相乘。只要把 $\cos\theta$ 理解成「調整為同一方向」就不會忘記。

順帶一提，$\theta = 90°$ 時，$\cos\theta$ 是 0，所以內積是 0。

試試看！

◎若有兩向量的大小和夾角為 $|\vec{a}|=2$，$|\vec{b}|=3$，$\theta=\frac{\pi}{4}$，試求出兩向量的內積。

$$\vec{a}\cdot\vec{b}=2\times 3\times\cos\frac{\pi}{4}$$
$$=6\times\frac{\sqrt{2}}{2}$$
$$=3\sqrt{2}$$

小知識

用下圖和餘弦定理，可以導出內積公式。

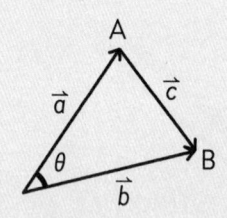

$$|\vec{c}|^2=|\vec{a}|^2+|\vec{b}|^2-2|\vec{a}||\vec{b}|\cos\theta$$

因為 $\vec{c}=\vec{b}-\vec{a}$，所以

$$|\vec{b}-\vec{a}|^2=|\vec{a}|^2+|\vec{b}|^2-2|\vec{a}||\vec{b}|\cos\theta$$
$$|\vec{b}|^2-2\vec{a}\cdot\vec{b}+|\vec{a}|^2=|\vec{a}|^2+|\vec{b}|^2-2|\vec{a}||\vec{b}|\cos\theta$$
$$-2\vec{a}\cdot\vec{b}=-2|\vec{a}||\vec{b}|\cos\theta$$
$$\vec{a}\cdot\vec{b}=|\vec{a}||\vec{b}|\cos\theta$$

105 內積與分量

當 $\vec{a} = (x_a, y_a)$，$\vec{b} = (x_b, y_b)$，則

$$\vec{a} \cdot \vec{b} = x_a x_b + y_a y_b$$

加深理解的圖示說明

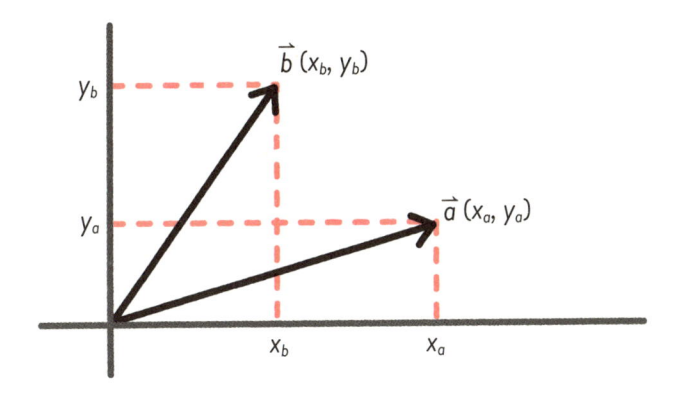

只需要把 x 分量和 y 分量彼此相乘後再相加。

試試看！

◎當 $\vec{a} = (2, 2)$，$\vec{b} = (3, 3)$，求 $\vec{a} \cdot \vec{b}$。

$\vec{a} \cdot \vec{b} = 2×3 + 2×3$
$= 6 + 6$
$= 12$

106 利用向量求三角形面積

當 $\vec{a}=(a_1, a_2)$，$\vec{b}=(b_1, b_2)$，則 $\vec{a}$ 和 $\vec{b}$ 圍出的三角形面積為：

$$\frac{1}{2}|a_1b_2 - a_2b_1|$$

加深理解的圖示說明

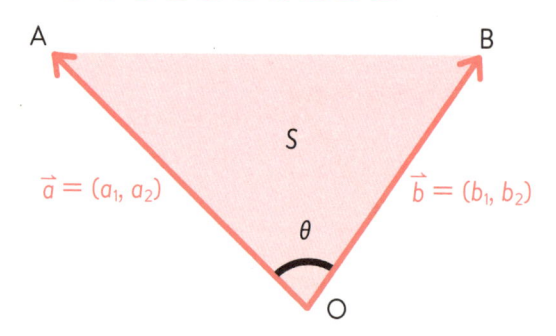

A   B

S

$\vec{a}=(a_1, a_2)$ $\vec{b}=(b_1, b_2)$

θ

O

形式跟單元 56 和單元 61 介紹過的三角形面積求法一樣，只不過這裡是向量的版本。

$$S = \frac{1}{2}|\vec{a}||\vec{b}|\sin\theta$$
$$= \frac{1}{2}|\vec{a}||\vec{b}|\sqrt{1-\cos^2\theta}$$

此時，

$$\cos\theta = \frac{\vec{a}\cdot\vec{b}}{|\vec{a}||\vec{b}|}$$
$$\cos^2\theta = \frac{(\vec{a}\cdot\vec{b})^2}{|\vec{a}|^2|\vec{b}|^2}$$

代入 S 的式子，得到

$$S = \frac{1}{2}|\vec{a}||\vec{b}|\sqrt{1-\cos^2\theta}$$

$$= \frac{1}{2}|\vec{a}||\vec{b}|\sqrt{1-\frac{(\vec{a}\cdot\vec{b})^2}{|\vec{a}|^2|\vec{b}|^2}}$$

$$= \frac{1}{2}\sqrt{|\vec{a}|^2|\vec{b}|^2-|\vec{a}|^2|\vec{b}|^2\frac{(\vec{a}\cdot\vec{b})^2}{|\vec{a}|^2|\vec{b}|^2}}$$

$$= \frac{1}{2}\sqrt{|\vec{a}|^2|\vec{b}|^2-(\vec{a}\cdot\vec{b})^2}$$

將 $|\vec{a}||\vec{b}|$ 放入根號內

接下來用分量來表示，得到

$$S = \frac{1}{2}\sqrt{(a_1^2+a_2^2)(b_1^2+b_2^2)-(a_1b_1+a_2b_2)^2}$$

$$= \frac{1}{2}\sqrt{(a_1^2b_1^2+a_1^2b_2^2+a_2^2b_1^2+a_2^2b_2^2)-(a_1^2b_1^2+2a_1b_1a_2b_2+a_2^2b_2^2)}$$

$$= \frac{1}{2}\sqrt{a_1^2b_2^2+a_2^2b_1^2-2a_1b_1a_2b_2}$$

$$= \frac{1}{2}\sqrt{(a_1b_2)^2-2a_1b_2a_2b_1+(a_2b_1)^2}$$

$$= \frac{1}{2}\sqrt{(a_1b_2-a_2b_1)^2}$$

$$= \frac{1}{2}|a_1b_2-a_2b_1|$$

去掉根號的方法：$\sqrt{A^2}=|A|$

107 直線的參數式

當向量 $\vec{d}\,(\neq \vec{0})$ 與直線 L 平行時，$\vec{d}$ 為 L 的方向向量。若點 $A(x_0, y_0)$ 在直線 L 上，則 L 上任一點 $P(x, y)$ 可以用參數 t（t 為實數）與 $\vec{d} = (a, b)$ 表示，即直線 L 的參數式。

$$\begin{cases} x = x_0 + at \\ y = y_0 + bt \end{cases} \quad t\text{ 為實數}$$

加深理解的圖示說明

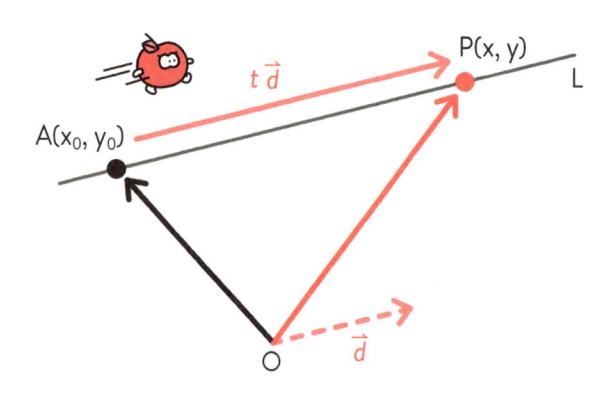

如果直線 L 通過點 $A(x_0, y_0)$，且與 $\vec{d}\,(\neq \vec{0})$ 平行，而直線上的任一點為 $P(x, y)$，因為 L 平行 $\vec{d}$，所以 $\overrightarrow{AP}$ 平行 $\vec{d}$，則

$$\overrightarrow{AP} = t\vec{d}$$
$$\overrightarrow{OP} - \overrightarrow{OA} = t\vec{d}$$
$$\overrightarrow{OP} = \overrightarrow{OA} + t\vec{d}$$
$$(x, y) = (x_0, y_0) + t(a, b)$$
$$\begin{cases} x = x_0 + at \\ y = y_0 + bt \end{cases} \quad t\text{ 為實數}$$

試試看！

◎通過點 A(2, 2)，有直線 L 與 $\vec{u}$ = (1, 3) 平行，請以 $y = ax + b$ 的形式表示直線 L 的方程式。

設點 P(x, y) 在直線 L 上，則直線的參數方程式為

$$\begin{cases} x = 2 + t \\ y = 2 + 3t \end{cases} \quad t\text{ 為實數}$$

接著消去參數 t，

$$\begin{cases} x = 2 + t \cdots\cdots① \\ y = 2 + 3t \cdots\cdots② \end{cases}$$

①×3 - ②，得

$$3x - y = (2 \times 3 + 3t) - (2 + 3t)$$
$$= 6 - 2$$
$$= 4$$

所以直線 L 的方程式為 $3x - y = 4$

108 向量的線性組合

若 $\vec{OA}$ 和 $\vec{OB}$ 是不平行的非零向量，則

$$\vec{OP} = x\vec{OA} + y\vec{OB}$$

當 $x + y = 1$，則 P、A、B 共線。

加深理解的圖示說明

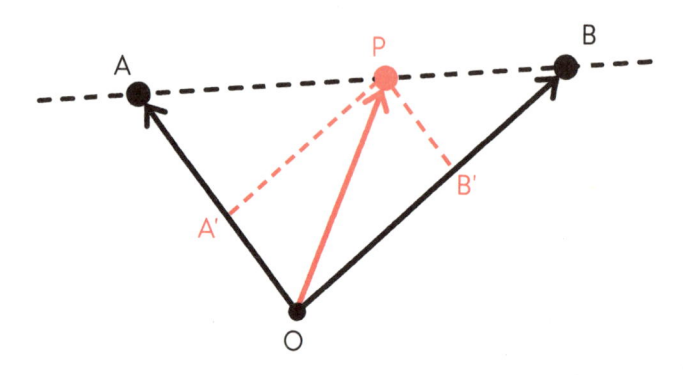

過 P 點做 $\vec{OB}$ 的平行線，交 $\vec{OA}$ 於點 A'，$\vec{OA'}$ 可寫為 $x\vec{OA}$，過 P 點做 $\vec{OA}$ 的平行線，交 $\vec{OB}$ 於點 B'，$\vec{OB'}$ 可寫為 $y\vec{OB}$，則
$\vec{OP} = x\vec{OA} + y\vec{OB}$

若 P、A、B 共線，
$$\vec{AP} = t(\vec{AB})$$
$$\vec{OP} - \vec{OA} = t(\vec{OB} - \vec{OA})$$
$$\vec{OP} = \vec{OA} + t(\vec{OB} - \vec{OA})$$
$$= (1-t)\vec{OA} + t\vec{OB}$$

令 $(1-t)$ 為 x 且 $t = y$，得 $x + y = 1$。

109　直線的點法式

法向量是與直線的方向向量垂直的向量。
$\vec{n} = (a, b)$ 是直線 $ax + by + c = 0$ 的法向量之一。
如果直線 L 通過點 $A(x_1, y_1)$，與非零向量 $\vec{n} = (a, b)$ 垂直，且 L 上任一點為 $P(x, y)$，則 L 可以用下列方程式表示。

$$a(x - x_1) + b(y - y_1) = 0$$

加深理解的圖示說明

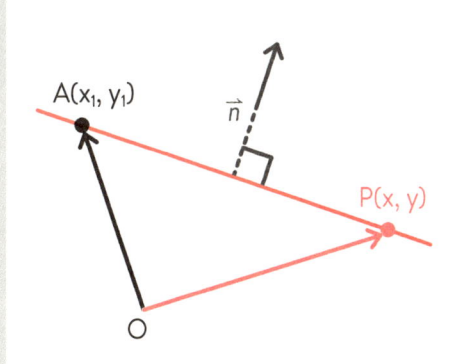

假設 L 上任一點為 $P(x, y)$，L 通過點 $A(x_1, y_1)$，且與非零法向量 $\vec{n} = (a, b)$ 垂直，因為 L 和 $\vec{n}$ 的夾角為 90°，所以內積是 0。可以寫成向量方程式：

$$\overrightarrow{AP} \cdot \vec{n} = 0$$

再用分量表示，上面的式子可以改寫如下：

$$(x - x_1, y - y_1) \cdot (a, b) = 0$$
$$a(x - x_1) + b(y - y_1) = 0$$

展開後得到：

$$ax - ax_1 + by - by_1 = 0$$
$$ax + by - ax_1 - by_1 = 0$$

由於 $-ax_1 - by_1$ 為常數，只要再設 $-ax_1 - by_1 = c$，就會得到 $ax + by + c = 0$，即 L 的直線方程式。

附注 1

玩手機遊戲時，抽中稀有物品的機率

有個手機裡的虛擬轉蛋遊戲，抽中稀有寶物的機率為 $\frac{1}{100}$。您覺得上面這句話的意思是「抽 100 次就一定會抽中稀有寶物」嗎？

既然抽中稀有寶物的機率是抽 100 次中獎 1 次，很容易以直覺認定：事實應該是這樣。

但實際上即使抽 100 次，也不代表一定會中獎。

讓我們用數學確認一下！

🍎 **試試看！**

在實體的轉蛋機中，因為每抽一次，商品的數量都會減少，所以多抽幾次就一定會中獎。

但這裡指的是手機裡的虛擬轉蛋遊戲。

在虛擬轉蛋遊戲中，無論抽多少次，商品的數量都不會減少。換句話說，每一次抽中稀有寶物的機率都是 $\frac{1}{100}$。

即使這次抽的結果是未中獎，下次再抽可能還是未中獎。

那麼，抽 100 次至少抽中 1 次稀有寶物的機率有多少呢？我們用餘事件（參考單元 88）來思考，會更容易理解。也

就是說，計算抽 100 次卻全部沒有中獎的機率，再用 1 減去這個結果，就可以得到答案。

因為沒有中獎的機率是 $\frac{99}{100}$，所以抽 100 次至少抽中 1 次稀有寶物的機率是

$$1 - \left(\frac{99}{100}\right)^{100}$$
$$\fallingdotseq 1 - 0.366$$
$$= 0.634$$

換算成百分比（×100%）就可以得到答案：大約是 63%。

換句話說，如果虛擬轉蛋遊戲抽中稀有寶物的機率為 $\frac{1}{100}$，抽 100 次會抽中稀有寶物的機率大約是 63%。

之後玩手機虛擬轉蛋遊戲時，建議先調查一下機率，再決定是否值得付款參加抽獎。

附注 2

做數學計算時,為什麼不能除以 0?

數學老師可能會經常叮嚀:不能除以 0!
您是否想過為什麼?
讓我說明一下,如果可以除以 0,會發生什麼神奇的事情。

🍎 試試看!

$$0 = 0$$

先列出上面的算式。接下來,用下列方式將算式變形:

$$9 - 9 = 12 - 12$$

同樣的數減同樣的數當然是 0,因此等式成立。
將算式再更進一步變形:

$$3(3 - 3) = 4(3 - 3)$$

轉換成提出公因數的形式。然後,因為等號兩邊都有 (3 − 3) 做為公因數,可以將兩邊都進行約分,同除以 (3 − 3)。接下來,不可思議的事發生了:

$$3 = 4$$

竟然會讓這樣的算式成立。

可見在某個地方做了不應該做的事⋯⋯
沒錯,是最後的「除以 (3 − 3)」。因為 3 − 3 = 0,除以 (3 − 3) 等於除以 0。也就是說,因為除以 0 會得到 3 = 4 這個任誰看到都覺得不可思議的答案,所以才不能除以 0。

附注 3

骨牌的有趣特性

骨牌有一個特性：可以推倒尺寸比本身大 1.5 倍的物體。

依照這個特性，不斷將骨牌放大，當推倒骨牌 22 次時，倒下物體的高度可能會超過東京晴空塔的高度。

假設一開始的骨牌長 5 cm，寬 1 cm，高 10 cm。這樣一來，下一個可以倒下的骨牌尺寸是前面的 1.5 倍，所以尺寸會變成長 7.5 cm，寬 1.5 cm，高 15 cm。

把公分換算成公尺。像這樣重複 22 次，如果只考慮高度，骨牌會變成 0.1×1.5^{22} m，加上一開始的骨牌，得到可推倒的高度大約是 748 m。
這個高度已經超過 634 m 的東京晴空塔。

順帶一提，因為每增加一個骨牌，骨牌重量會變成 1.5^3 倍，如果設定好一開始的重量，理論上的確有可能推倒東京晴空塔！

> **附注** 4

內角和為 270°的三角形？

從小學到高中，我們學到的三角形都是內角和為 180°，並且覺得這是「理所當然」。但在大學學習數學時，會出現內角和為 270°的三角形。

簡單來說，所謂內角和為 180°的三角形，是指在平面上由三條線所圍成的圖形。
如果將直線定義為連接點與點之間的最短距離，那麼三角形是由三條直線所圍成的圖形。
一旦將平面改成球面，就會得到右圖所示的三角形。

當我們考慮球面這類曲面，就有可能出現內角和大於 180°的三角形，而且連接三角形頂點的直線都是最短的距離。
觀察日常生活中的熟悉事物，會發現飛機的飛行路線運用了同樣的原理。
這種數學稱為非歐幾何，請試著查詢相關資料。

是不是很有趣呢？

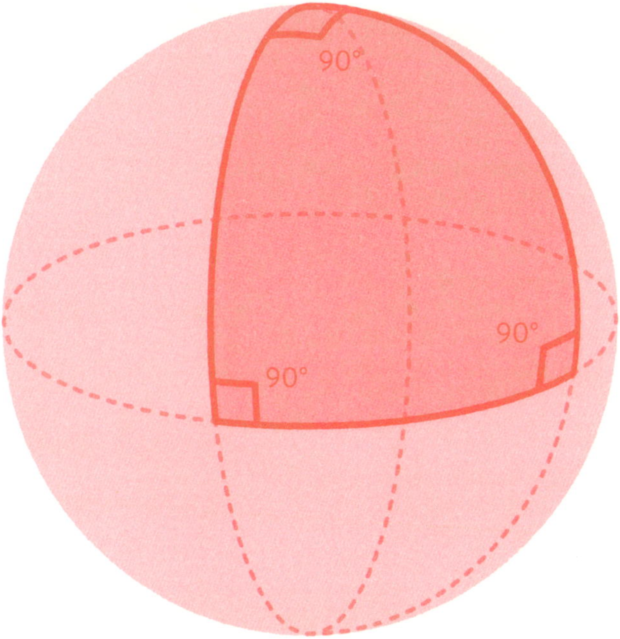
90°
90°
90°

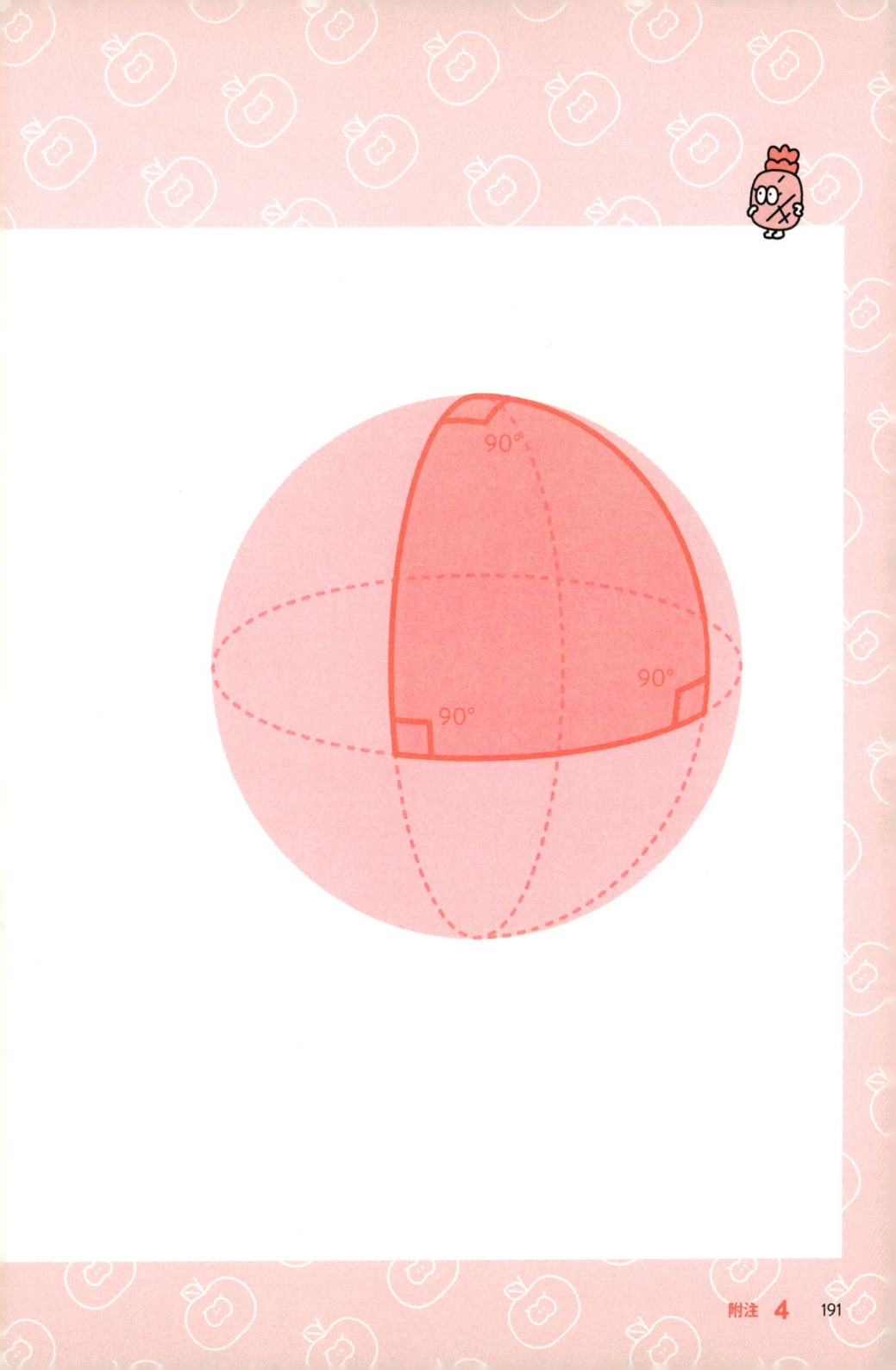

科學天地 192

數學公式圖鑑：利用圖像思考，提升理解效率！考試拿高分
見るだけで理解が加速する 得点アップ 数学公式図鑑

原　　著 —— 阿基頓敦（あきとんとん）
譯　　者 —— 詹珮玟
審　　訂 —— 任維勇
科學叢書顧問群 —— 林和（總策劃）、牟中原、李國偉、周成功

副社長兼總編輯 —— 吳佩穎
編輯顧問 —— 林榮崧
副總編輯 —— 陳雅茜
責任編輯 —— 吳育燐
插畫繪製 —— 若田紗希
美術設計 —— 黃秋玲（特約）
封面設計 —— 趙瓊

出 版 者 —— 遠見天下文化出版股份有限公司
創 辦 人 —— 高希均、王力行
遠見・天下文化　事業群榮譽董事長 —— 高希均
遠見・天下文化　事業群董事長 —— 王力行
天下文化社長 —— 王力行
天下文化總經理 —— 鄧瑋羚
國際事務開發部兼版權中心總監 —— 潘欣
法律顧問 —— 理律法律事務所陳長文律師　著作權顧問 —— 魏啟翔律師
社　　址 —— 台北市 104 松江路 93 巷 1 號 2 樓
讀者服務專線 —— 02-2662-0012 ｜ 傳真 —— 02-2662-0007；02-2662-0009
電子郵件信箱 —— cwpc@cwgv.com.tw
直接郵撥帳號 —— 1326703-6 號　遠見天下文化出版股份有限公司

電腦排版 —— 黃秋玲（特約）、陳益郎（特約）
製 版 廠 —— 東豪印刷事業有限公司
印 刷 廠 —— 祥峰印刷事業有限公司
裝 訂 廠 —— 台興印刷裝訂股份有限公司
登 記 證 —— 局版台業字第 2517 號
總 經 銷 —— 大和書報圖書股份有限公司 電話／02-8990-2588
出版日期 —— 2025 年 02 月 06 日第一版第 1 次印行
　　　　　　2025 年 08 月 28 日第一版第 6 次印行

國家圖書館出版品預行編目 (CIP) 資料

數學公式圖鑑：利用圖像思考,提升理解效率！
考試拿高分 / 阿基頓敦著；詹珮玟譯. -- 第一版
. -- 臺北市: 遠見天下文化出版股份有限公司,
2025.01
　面；　公分. --（科學天地；192）
譯自:見るだけで理解が加速する得点アップ
数学公式図鑑
ISBN 978-626-417-130-4(平裝)

1.CST: 數學

310　　　　　　　　　　　　　113019863

MIRUDAKE DE RIKAI GA KASOKU SURU　TOKUTEN UP　SUGAKU KOSHIKI ZUKAN
©akitonton 2022
First published in Japan in 2022 by KADOKAWA CORPORATION, Tokyo.
Complex Chinese translation rights arranged with KADOKAWA CORPORATION,
Tokyo through BARDON-CHINESE MEDIA AGENCY.
Complex Chinese translation rights © 2025 by Commonwealth Publishing Co., Ltd.,
a division of Global Views – Commonwealth Publishing Group
All rights reserved.

定價 —— NTD 350 元
書號 —— BWS192
ISBN —— 978-626-417-130-4 ｜ EISBN 9786264171250（EPUB）；9786264171243（PDF）

天下文化官網 —— bookzone.cwgv.com.tw　　本書如有缺頁、破損、裝訂錯誤，請寄回本公司調換。
　　　　　　　　　　　　　　　　　　　　本書僅代表作者言論，不代表本社立場。

天下文化
BELIEVE IN READING